Stable Diffusion
人工智能AI绘画教程
从娱乐到商用 ——————————— 雷波◎著

化学工业出版社

·北京·

内 容 简 介

本书较为系统地讲解了人工智能绘画软件Stable Diffusion的基本使用方法，内容覆盖安装、设置Stable Diffusion的方法，使用文生图与图生图功能生成图像时各个参数的意义，利用ControlNet精准控制图像的技巧，以及自己动手训练LoRA以批量生成定制的个性化图像的要点等诸多技术含量非常高的内容。

考虑到Stable Diffusion界面复杂、参数众多，笔者在讲解时，特意使用了大量对比图、示例图与界面图，力图使初学者阅读学习时，能够一步一步按图与文字进行正确操作，并获得理想的效果。

本书内容丰富，技术点讲解全面，不仅适合AI绘画爱好者、AI视觉工作者和影像处理从业人员自学，也可以在开设了视觉传达与影像处理相关专业的学校当作教材使用。

图书在版编目（CIP）数据

Stable Diffusion人工智能AI绘画教程：从娱乐到商用/雷波著. —北京：化学工业出版社，2024.6
ISBN 978-7-122-45330-3

Ⅰ.①S… Ⅱ.①雷… Ⅲ.①图像处理软件 – 教材
Ⅳ.①TP391.413

中国国家版本馆CIP数据核字（2024）第065041号

责任编辑：李 辰 孙 炜 　　　　　　装帧设计：盟诺文化
责任校对：田睿涵 　　　　　　　　　封面设计：异一设计

出版发行：化学工业出版社（北京市东城区青年湖南街13号　邮政编码100011）
印　　装：北京宝隆世纪印刷有限公司
710mm×1000mm　1/16　印张15　字数306千字　2024年6月北京第1版第1次印刷

购书咨询：010-64518888 　　　　　　售后服务：010-64518899
网　　址：http://www.cip.com.cn
凡购买本书，如有缺损质量问题，本社销售中心负责调换。

定　　价：98.00元

前言

在人工智能绘画领域，比较形象的说法是有两座高山，一座是Midjourney，另一座则是Stable Diffusion。

Midjourney以多变的风格和天马行空的创意著称，而Stable Diffusion的优点是不仅可以精确地控制图像，以生成高质量的结果，更重要的是软件是完全免费的。

从目前应用角度来看，这两者均是从事视觉传达与影像处理领域人员必须掌握的软件，如果能够同时娴熟掌握二者，可以起到"1+1>2"的作用。

自上述两个软件发布时，笔者就开始不间断使用，在学习过程中走过了一些弯路，也在实战应用中积累了大量经验。针对Midjourney，笔者将心得与经验汇总在了由化学工业出版社出版的《Midjourney人工智能AI绘画教程：从娱乐到商用》一书中，而本书则是笔者针对Stable Diffusion出版的第一本图书。

本书较为系统地讲解了人工智能绘画软件Stable Diffusion的基本使用方法，内容覆盖安装、设置Stable Diffusion的方法，使用文生图与图生图功能生成图像时各个参数的意义，利用ControlNet精准控制图像的技巧，以及自己动手训练LoRA以批量生成定制的个性化图像的要点等诸多技术含量非常高的内容。

考虑到Stable Diffusion界面复杂、参数众多，笔者在讲解时，特意使用了大量对比图、示例图与界面图，力图使初学者阅读学习时，能够一步一步按图与文字进行正确操作，并获得理想的效果。

可以预见，往后数年，人类社会将逐步进入一个由人工智能技术驱动的时代，笔者预祝各位读者都能够顺利地从计算机基础软件技术驱动状态，切换至人工智能技术驱动状态。

需要特别指出的是，在人工智能技术飞速发展的今天，本书的内容有可能在一年甚至半年后就会部分失效，因此，想要在这个领域保持竞争力，获得最新、最前沿的技术信息，各位读者必须对新技术保持好奇心，可以添加本书交流微信hjysysp与笔者团队在线沟通交流，搜索并关注笔者的微信公众号"好机友摄影视频拍摄与AIGC"。

欢迎各位读者进入国内知名模型网站liblib（主页https://www.liblib.art/）搜索"好机友AI"，以下载我们最新训练的模型。

为拓展本书的内容，笔者赠送30个独家精品Lora模型、12000个Stable Diffusion关键词、持续更新的AIGC学习云文档。获取方法为关注"好机友摄影视频拍摄及AIGC"公众号，并在公众号界面回复本书第168页最后一个字。

著　者

目　录
CONTENTS

第 3 章　掌握提示词撰写逻辑及权重控制技巧

第 4 章　了解底模与 LoRA 模型

第 5 章　Stable Diffusion 图生图操作模块详解

第 6 章　利用 ControlNet 精准控制图像

第7章 通过训练 LoRA 获得个性化图像

第8章 掌握 Stable Diffusion 辅助功能及插件运用

第 9 章　Stable Diffusion 综合实战案例

第1章

Stable Diffusion
的安装与设置

认识 Stable Diffusion

Stable Diffusion 简介

Stable Diffusion 是 2022 年发布的深度学习文本到图像生成模型。它可以根据文本描述生成相应的图像，主要特点包括开源、高质量、速度快、可控、可解释和多功能。它不仅可以生成图像，还可以进行图像翻译、风格迁移和图像修复等任务。

Stable Diffusion 的应用场景非常广泛，不仅可以用于文本生成图像的深度学习模型，还可以通过给定文本提示词（Text Prompt），输出一张匹配提示词的图片。例如，输入文本提示词"A cute cat"，Stable Diffusion 会输出一张带有可爱猫咪的图片，如下图所示。

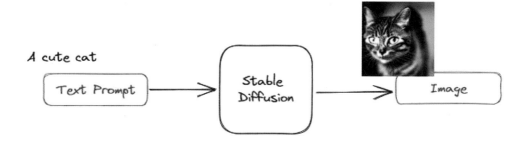

Stable Diffusion 配置要求

由于在运行 Stable Diffusion 时要进行大量运算，因此对计算机的硬件有一定要求，下面是具体配置标准。

显卡

Stable Diffusion 对显卡有一定的要求，推荐使用以下型号的显卡：NVIDIA GeForce GTX 1070 以上、NVIDIA Quadro P4000 以上、AMD Radeon RX 580 以上。这些仅是官方推荐的最低配置要求，如果希望在更高分辨率或更高渲染质量下使用 Stable Diffusion，建议选择性能更强大的显卡。此外，显卡的显存大小也会影响 Stable Diffusion 的性能，因此建议选择至少拥有 8GB 显存的显卡。

内存

Stable Diffusion 的运行需要足够的内存支持。如果计划使用已训练好的模型，则需要至少16GB 的内存。而如果希望进行模型训练，内存需求将取决于数据集大小和训练批次的数量，建议至少配备 32GB 的内存，以满足这些需求。

硬盘

为了保证 Stable Diffusion 正常运行，建议使用至少 128GB 的 SSD 固态硬盘。这样能够提供更好的性能和更快的数据读取速度。需要注意的是，Stable Diffusion 依赖模型资源，而模型资源通常较大，一个大模型的大小基本在 2GB 左右。因此，为了充分利用该引擎，充裕的硬盘空间是必要的。

网络要求

由于 Stable Diffusion 的特殊性，无法提供具体的网络要求，但 Stable Diffusion 会与用户进行良好的互动，以确保用户能够顺利使用其所有功能。在有模型资源的情况下，即使没有网络，Stable Diffusion 也是可以正常运行的。

操作系统

为了在本地安装 Stable Diffusion 并获得最佳性能，需要使用 Windows 10 或 Windows 11 操作系统。

Stable Diffusion 整合包的安装

（1）进入 https://pan.baidu.com/s/1MjO3CpsIvTQIDXplhE0-OA?pwd=aaki 页面，下载 "sd-webui-aki-v4.5.7z" 文件，如下图所示。

（2）找到下载后的文件，这里是之前下载好的 "sd-webui-aki-v4.4" 文件，解压压缩文件，单击鼠标右键，将其解压到你想要安装的位置，如下图所示。

（3）打开解压后的文件夹，找到 "A 启动器" 的 .exe 文件，双击将其打开，如下图所示。

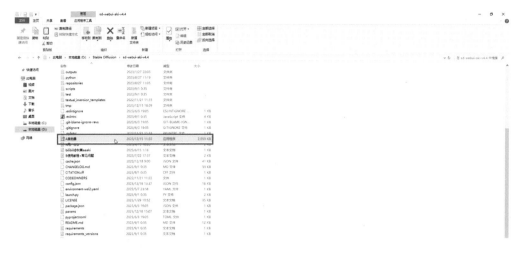

（4）如果未安装前置软件，会弹出提示框，需要安装启动器运行依赖，单击"是"按钮，即可自动跳转下载，如下图所示。

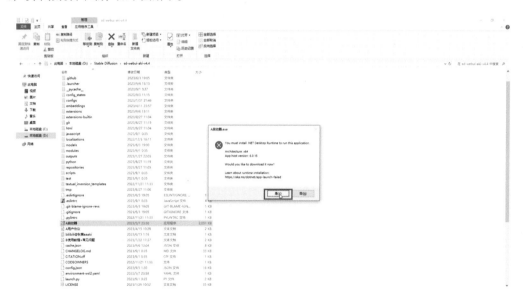

（5）双击下载好的"windowsdesktop-runtime-6.0.25-win-x64"，单击"安装"按钮，开始自动安装前置软件，如下图所示。

Stable Diffusion WebUI 页面布局

安装完前置软件以后，再次双击"A 启动器"的 .exe 文件，打开"Stable Diffusion WebUI"启动器界面，如下图所示。为了简化行文，下面将 Stable Diffusion 统称为 SD。

单击右下角的"一键启动"按钮，浏览器自动跳转到"SD WebUI"界面，其构成如下图所示。

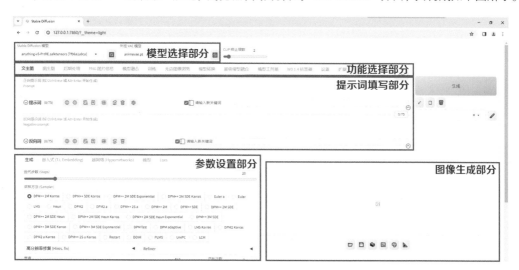

» 模型选择部分：由 SD 模型和外挂 VAE 模型组成。

» 功能选择部分：可以选择 SD 的各个组成功能。由于 SD 功能众多，限于篇幅，本书将在第 2 章与第 5 章详细讲解最重要的"文生图""图生图"功能模块，在第 8 章简要介绍"后期处理""PNG 图片信息""无边图像浏览"等辅助功能模块。

» 提示词填写部分：由正向提示词填写部分和反向提示词填写部分组成。

» 参数设置部分：由迭代步数、采样方法、高分辨率修复、宽度、高度、提示词引导系数、随机数种子设置等选项组成。

» 图片生成部分：可以浏览图像，并通过单击下方小图标完成打开图像输出目录、保存图像到指定目录、保存包含图像的 .zip 文件到指定目录等操作。

绘世启动器界面讲解

在使用 SD WebUI 之前，需要先打开 WebUI 的启动器——绘世启动器。虽然它只是 WebUI 的启动器，如果它的设置不正确，SD 依旧不能正常运行，所以这里对绘世启动器界面进行详细讲解，帮助大家正确设置绘世启动器，提高出图效率。

打开绘世启动器，首先进入一键启动界面，如下图所示。

文件夹

在"文件夹"选项区域中，"根目录"是 WebUI 的解压路径，这里的路径是"D:\Stable Diffusion\sd-webui-aki-v4.4"；"扩展文件夹"是存放 SD 插件的文件夹，这里的路径是"D:\Stable Diffusion\sd-webui-aki-v4.4\extensions"；"临时文件夹"是存放运行中用到的临时文件的文件夹，一般不会用到，这里的路径是"D:\Stable Diffusion\sd-webui-aki-v4.4\tmp"；"超分输出"是存放后期处理生成图片的文件夹，这里的路径为"D:\Stable Diffusion\sd-webui-aki-v4.4\outputs\extras-images"；"文生图（网格）"是存放利用文生图功能生成的两张及以上的网格图片，这里的路径为"D:\Stable Diffusion\sd-webui-aki-v4.4\outputs\txt2img-grids"；"文生图（单图）"是存放利用文生图功能生成的单张图片，这里的路径为"D:\Stable Diffusion\sd-webui-aki-v4.4\outputs\txt2img-images"；"图生图（网格）"和"图生图（单图）"与文生图的文件夹相似，这里的路径分别为"D:\Stable Diffusion\sd-webui-aki-v4.4\outputs\img2img-grids"和"D:\Stable Diffusion\sd-webui-aki-v4.4\outputs\img2img-images"。

界面最下方是启动器和 SD WebUI 的版本信息区域，启动器是会自动更新的，但是 SD WebUI 需要手动更新。右边是公告区域，表明启动器是免费提供的，启动器的唯一发布地点在 B 站的秋叶 aaaki@bilibili(UID 12566101) 与 Nuullll@bilibili (UID18233791) 两个账号中，如下图所示。界面右下角就是启动 WebUI 的"一键启动"按钮了。

高级选项

在启动器界面左侧选择"高级选项",进入高级选项设置界面,如下图所示,下面分别讲解。

首先是性能设置。"生成引擎"用于加速生成图像的硬件设备,一般是指显卡和CPU,在右侧的列表中显示了当前可用的硬件设备,如下图所示。

注意：如果无法在列表中找到本机的显卡，需要去显卡官网下载最新版本的驱动。"显存优化"用于通过延长计算时间换取更低显存上限，一般针对显存小于12GB的用户，让显存小的用户也能使用SD，只不过显存越小，生图时间越长。这里提供了4个选项，根据实际情况选择，如下图所示。

"Cross-Attention优化方案"是指交叉注意力优化方案，可以有效降低显存用量，使用默认选项即可。"计算精度设置"是指调节计算精度以平衡性能与显存占用，缓解由于精度带来的黑图问题，此处也无须更改，保持默认设置即可。开启"使用共享显存"后，当使用过量显存时，自动通过内存弥补显存过量导致的性能降级，也就是显存不够用可以用内存帮助显存生图，建议开启。"Channels-Last内存格式优化"用于将图像的通道信息按照特定的顺序存储，以优化图像处理和计算性能，开启此选项，可在一定限度上提升性能，建议开启。"模型哈希计算"是一种将模型表示为哈希值的方法，使得不同的模型可以很容易地通过比较哈希值来判断是否相等，关闭此选项可省启动时间，但会导致页面内与图片生成数据中无法正常显示模型哈希信息，硬盘存储数据较慢建议关闭此选项。

其次是"网络设置"。"监听设置"是指启动器在启动WebUI时，通过监听特定的端口或地址，接收来自其他程序的命令或数据，在这里主要用于WebUI的远程共享访问，通过设置"监听地址""监听端口"，开启"开放远程链接"实现。开启"启用API"选项，可以供其他插件与软件调用SD-WebUI功能。"Huggingface离线模式"是指关闭从Huggingface上联网加载模型的功能，如果开启此选项会导致一些必要模型无法下载，使用时会出现错误提示，建议关闭。

网络设置

监听设置
调整监听设置，远程共享访问

监听地址　　　　　　　　　　　　　　　　　　127.0.0.1

监听端口　　　　　　　　　　　　　　　　　　7860

开放远程连接

通过Gradio共享

{ } 启用API
供其他插件与软件调用SD-WebUI功能，如openOutpaint, Photoshop插件等

Huggingface离线模式
关闭从Huggingface上联网加载模型的功能，启用后将无法在线下载本地缺失的部分必要模型

再次是"用户体验设置"。"启动完毕后自动打开浏览器"是指启动后自动在浏览器中打开WebUI页面，如果关闭此选项，则需要手动在浏览器中输入监听地址来打开WebUI页面。"界面样式"用于调节WebUI的亮色/暗色模式，默认跟随启动器。"停用Gradio内置队列"用于

关闭内置 Gradio 请求队列功能。Gradio 是一个用于快速创建机器学习模型的 UI 界面的库，它提供了一个内置队列来处理用户请求和模型预测。如果停用此选项可能影响 WebUI 的体验和性能，建议关闭。开启"控制台输出安装细节信息"此选项，则在安装软件或应用程序时，会将安装过程中的详细信息输出到控制台（命令行界面）。这些信息通常包括安装步骤、已安装的文件和目录、配置设置等，以便用户可以了解安装过程中的详细情况。正常情况下不需要关注安装信息，保持默认的关闭即可。

下面的"启动器特性设置"和"安全性设置"基本用不到，保持默认设置即可。

在界面上方选择"环境维护"选项，可以显示管理 SD 前置软件的选项。因为在启动启动器前已经检测并要求安装必要的前置软件，所以这里保持默认设置即可。

在界面上方选择"补丁管理"选项，可以显示启动器出现 Bug 并上传的修复文件列表，保持默认设置即可。

疑难解答

在启动器界面左侧选择"疑难解答"选项，如果整合包出现问题，就会汇总在疑难解答界面，可以将其生成诊断包，发送到绘世官网寻求帮助。如果 SD WebUI 可以正常使用，这里可以直接忽略。

版本管理

在启动器界面左侧选择"版本管理"选项，进入"内核"选项设置界面。在这里可以看到远端地址、当前分支和当前版本等信息。在下方可以看到 SD 所有发布过的版本，目前最新版本是 2023 年第 50 周发布的 1.7.0 版本。在右侧点击"切换"按钮，可以更换使用的版本。

选择界面上方的"扩展"选项，会显示已安装的插件选项。在该界面中可以看到插件的版本、更新日期，还可以对插件进行更新、切换版本、卸载等。

在界面上方选择"安装新扩展"选项，会显示安装的新插件，一般常用的插件基本都能在这里找到。

模型管理

在启动器界面左侧选择"模型管理"选项，可以看到 Stable Diffusion 模型、嵌入式（Embedding）模型、超网络（Hypernetwork）模型、变分自编码器（VAE）模型、LoRA 模型（原生）5 个模型列表，在每个列表中都显示了本地的模型和远程的模型。本地模型是已经下载到计算机中的模型，远程模型是未下载的网络中的模型。注意：国内分享的模型可以直接下载，国外分享的模型可能无法直接下载。

小工具

在启动器界面左侧选择"小工具"选项，可以显示"小工具""开源项目""模型站""图站"4个选项区域，这些是绘世作者为大家整理的一些功能性网站，单击即可进入网站，帮大家上手SD、了解AI绘画、获取SD的模型插件等。注意：有些是国外的网站，可能无法访问。

灯泡

在启动器界面左侧选择"灯泡"选项，可以设置启动器的界面颜色。在启动器界面左侧选择"控制台"选项，即可进入SD的命令行界面，在SD中运行的所有操作都会在命令行中通过代码的形式显示出来。如果出现报错，可以通过命令排查原因。

设置

在启动器界面左侧选择"设置"选项，进入"一般设置"界面。在"配置模式"右侧的下拉列表中提供了"新手""高级""专家"3个选项。"新手"模式界面简洁，操作步骤少，使用门槛低，配置选项保持默认设置，可以直接使用，无须进行过多的自定义设置，方便新手用户快速上手。"专家"模式提供了更多的高级功能和自定义选项，适合对 SD 有更深入需求的专家用户，这里保持默认的"新手"模式就可以了。

"界面语言"用于设置启动器的语言，如果没有特殊需求，默认使用系统语言就可以。在下面的"网络设置"选项区域，包括国内镜像软件包、插件、模型等的开关设置，如果关闭这些选项可能导致 SD 运行报错，默认全部开启即可。

在"默认浏览器"右侧的下拉列表中，可以设置打开 WebUI 时使用的浏览器，大家根据个人安装的浏览器及喜好进行选择即可，这里选的是谷歌浏览器。在"兼容性设置"选项区域，当控制台无法渲染或交互时，或者当控制台无法正常输出字符时可以尝试启用这些选项，正常情况下关闭即可。注意：有些设置更改后重启启动器才有效，如果有设置没更改，可以尝试重启启动器。

第 2 章

Stable Diffusion
文生图操作模块详解

通过简单的案例了解文生图的步骤

学习目的

对初学者而言，使用 SD 生成图像是一件比较复杂的事，整个操作过程既涉及底模与 LoRA 模型的选择，还涉及各类参数设置。

为此笔者特意设计了此案例，通过学习本案例，初学者可以全局性了解 SD 文生图的基本步骤。在学习过程中，初学者不必将注意力放到各个步骤所涉及的参数，只需按步骤操作即可。

生成前的准备工作

本案例将使用 SD 生成一个写实的机器人，因此首先需要下载一个写实系底模，以及一个机甲 LoRA 模型。

（1）打开网址 https://www.liblib.art/modelinfo/bced6d7ec1460ac7b923fc5bc95c4540，下载本例用的底模，也可以直接在 https://www.liblib.art/ 网站上搜索"majicMIX realistic 麦橘写实"。

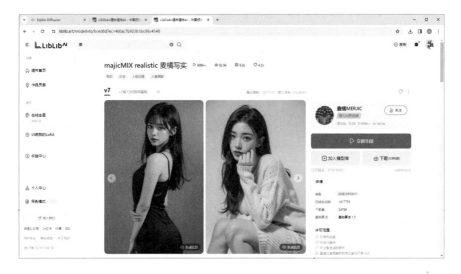

（2）将下载的底模复制至 SD 安装目录中 models 文件夹下的 Stable-diffusion 文件夹中。

（3）打开网址 https://www.liblib.art/modelinfo/44598b44fbc94d9885399b212f53f0b2，下载本例用的 LoRA 模型，也可以直接在 https://www.liblib.art/ 网站上搜索"好机友 AI 机甲"。

（4）将下载的 LoRA 模型复制至 SD 安装目录中 models 文件夹下的 LoRA 文件夹中。

具体操作步骤

（1）开启SD后，在"Stable Diffusion 模型"下拉列表框中选择"majicmixRealistic_v7.safetensors [7c819b6d13]"选项，此模型为准备工作中下载的底模。

（2）在第一个文本输入框中输入正面提示词"masterpiece,best quality,(highly detailed),1girl,cyborg,(full body:1.3),day light,bright light,wide angle,white background,,complex body,shining sparks,big machinery wings,silvery,studio light,motion blur light background"，以定义要生成的图像效果。

（3）单击界面中下方的 Lora 标签，并在其右侧的文本输入框中输入"hjyrobo5"，从而通过筛选找到准备工作中下载的 LoRA 模型。

（4）单击此 LoRA 模型，此时在 SD 界面第一个文本输入框中所有文本的最后，将自动添加"<lora:hjyrobo5-000010:1>"，如下图所示。

（5）将 <lora:hjyrobo5-000010:1> 中 1 修改为 0.7。

（6）在下方的第二个文本输入框中输入负面提示词"Deep Negative V1.x,EasyNegative,(bad hand:1.2),bad-picture-chill-75v,badhandv4,white background,kimono,EasyNegative,(low quality, worst quality:1.4),(lowres:1.1),(long legs),greyscale,pixel art,blurry,monochrome,(text:1.8),(logo:1.8),(bad art, low detail, old),(bad nipples),bag fingers,grainy,low quality,(mutated hands and fingers:1.5),(multiple nipples)"，如下图所示。

（7）在 SD 界面下方设置"迭代步数（Steps）"为 36，将"采样方法（Sampler）"设置为 DPM++ 2M Karras，将"高分辨率修复（Hires. fix）"中的"放大算法"设置为 R-ESRGAN 4x+，将"重绘幅度"设置为 0.56，将"放大倍数"设置为 2，将"提示词引导系数（CFG Scale）"设置为 8.5，并将"随机数种子（Seed）"设置为 2154788859，设置完成后的 SD 界面应该如右图所示。

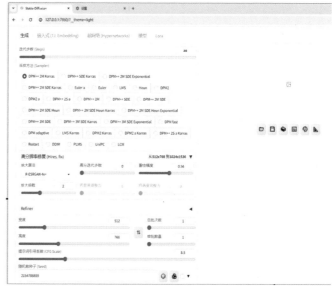

（8）完成以上所有参数设置后，要仔细与笔者展示的界面核对，然后单击界面右上方的"生成"按钮，则可以获得如下右图所示的效果。

（9）如果将"随机数种子（Seed）"设置为2154788851，则可以得到如下左图所示的效果；如果将"随机数种子（Seed）"设置为2154788851，则可以得到如下中图所示的效果；如果将"随机数种子（Seed）"设置为2154788863，则可以得到如下右图所示的效果。

在上面的步骤中涉及了正面提示词、负面提示词、底模、LoRA模型、"迭代步数（Steps）"、"采样方法（Sampler）"等知识点。

其中，正面提示词、负面提示词将在第3章详细讲解。底模、LoRA模型将在第4章中详细讲解。

"迭代步数（Steps）""采样方法（Sampler）"等知识点，在本章节后面部分讲解。

迭代步数 (Steps)

了解迭代步数

如前所述，Stable Diffusion 是通过对图像进行加噪声，再利用一定的算法去噪声的方式生成新图片的，并且去噪声过程并不是一次完成的，而是通过多次操作完成的，"迭代步数"则可以简单地理解为去噪声过程执行的次数。

从理论上讲，步数越多图像质量越好，但是实际并非如此，笔者将通过下面的示例证明这一点。

3 组不同迭代步数示例

下面笔者将通过 3 组使用不同底模与 LoRA 模型生成的图像，展示不同迭代步数对图像质量的影响。

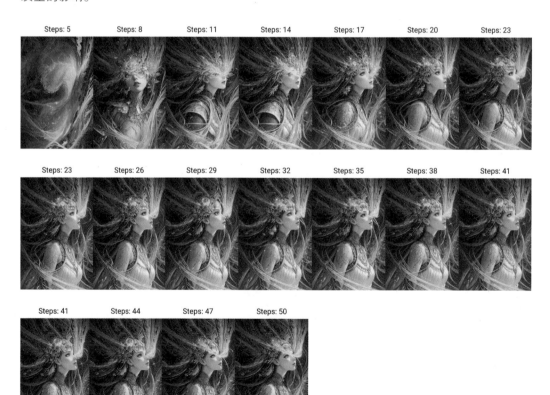

3 组示例图像揭示的规律

通过观察上面 3 组 45 张图像可以看出来，迭代步数与图像质量并不成正比。虽然不同的步数会得到不同的图像效果，但当步数达到一定数值后，图像质量就会停滞，甚至细节变化也不再明显，而且步数越大，计算时间越长，运算资源消耗越大，投入产出比明显变低。

但由于不同底模与 LoRA 模型组合使用时，质量最优化的步数是一个未知数，因此需要创作者使用不同的数值尝试，或者使用"脚本"中的"XYZ 图表"功能生成查找表，以寻找到最优化的步数。

按普遍性经验，可以从 7 开始向下或向上尝试。

采样方法（Sampler）

了解采样方法

Stable Diffusion 在生成图片时，会先在隐空间（Latent Space）中生成一张完全的噪声图。然后利用噪声预测器预测图片的噪声，并通过分步将预测出的噪声从图片中逐层减去，完成生图的整个过程，直至得到清晰的图片，如下面的 6 张图片所示。

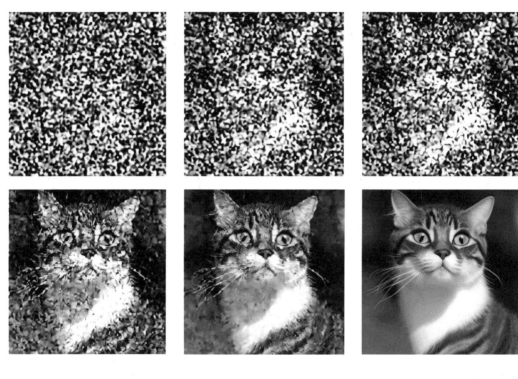

在上面展示的这个去噪声过程中，用于处理图像噪声的算法被称为采样，或者称其为采样方法、采样器。

笔者写作本书时，SD 共支持 31 种采样方法，如右图所示，而且有可能随着时间的推移越来越多。

生成　嵌入式 (T.I. Embedding)　超网络 (Hypernetworks)　模型·　Lora

迭代步数 (Steps) ————————————————————　41

采样方法 (Sampler)

● DPM++ 2M Karras	○ DPM++ SDE Karras	○ DPM++ 2M SDE Exponential
○ DPM++ 2M SDE Karras	○ Euler a	○ Euler	○ LMS	○ Heun	○ DPM2
○ DPM2 a	○ DPM++ 2S a	○ DPM++ 2M	○ DPM++ SDE	○ DPM++ 2M SDE
○ DPM++ 2M SDE Heun	○ DPM++ 2M SDE Heun Karras	○ DPM++ 2M SDE Heun Exponential
○ DPM++ 3M SDE	○ DPM++ 3M SDE Karras	○ DPM++ 3M SDE Exponential	○ DPM fast
○ DPM adaptive	○ LMS Karras	○ DPM2 Karras	○ DPM2 a Karras	○ DPM++ 2S a Karras
○ Restart	○ DDIM	○ PLMS	○ UniPC	○ LCM

按采样方法原理

虽然 SD 提供了大量采样方法，无论是数量还是名称均令人望而生畏，但其实这些采样方法是有规律的，基本上可以分为以下几类。

初始采样方法

这是一类 SD 在发布之初就已经内置的采样方法，但随着时间推移，SD 加入了越来越多质量更高、速度更快的采样方法，因此初始采样方法已经逐渐不再被广泛使用。

初始采样方法包括 DDIM 与 PLMS。

老式 ODE 求解采样方法

这些采样方法所使用的算法早在近百年前就已经有了，其初始目的是为了解决常微分方程（Ordinary Differential Equations）。这些采样方法包括 Euler、Heun 和 LMS。

» Euler 是一种使用欧拉公式进行简单采样的方法，它使用最近邻插值来确定离散信号的值。采样过程中不加随机噪声，并使用欧拉方法减少适当数量的噪声。这种方法的优点是简单易行、计算速度快，缺点是图像质量不好，尤其是在处理有大量细节的图像时，极易出现锯齿状的伪像。

» Heun 使用的也是欧拉公式，但在此基础上有所优化，在执行每个去噪声的步骤时要测算两次噪声信息，因此效果更好，但处理速度更慢一些。

» LMS 采样方法使用线性插值来确定离散信号的值。在处理图像的过程中，每个像素的值被赋予由其周围 4 个像素插值得到的值，从而获得比 Euler 方法更加精确、质量更好的图像，缺点是计算量较大。

原型采样器

在 SD 的所有采样方法中，如果其名字中包含独立的字母 a，则都是原型采样方法，如 Euler a、DPM2 a、DPM++ 2S a 和 DPM++ 2S a Karras。此类采样方法的特点是在每一步处理时向图片添加新的随机噪声，这就导致在采样时，图片内容一直在大幅度变化，这就是为什么许多创作者在观看处理过程时，发现有时中间的模糊图像反而比最终图像要好。

这种处理过程不断变化的情况，在术语中称为难以收敛。

除了原型采样器，DDIM 和带 SDE（Stochastic Differential Equations）标识的采样器，也会在采样时增加随机噪声，比如 DPM++ SDE 和 DPM++ 2M SDE 等。

因为在采样时会增加随机噪声，所以在使用这些采样方法时，即使使用相同的参数和随机数也有可能生成不同的图片。

下图是使用 Euler a 生成图片的过程截图，可以看出有明显变化。

DPM 和 DPM++ 采样方法

DPM 是扩散概率模型求解器的缩写，是最近开发的求解器系列，专为 AUTOMATIC1111 的扩散模型而设计。这种算法的优点是在处理低频信号时效果较好，图像质量高，但是在处理高频信号时效果不够理想。由于 DPM 会自适应调整步长，不能保证在约定的采样步骤内完成任务，整体速度可能比较慢。

DPM++ 是 DPM 采样方法的改进版本，引入了新的技术和方法，如 EMA（指数移动平均）更新参数、预测噪声方差和添加辅助模型等，从而在采样质量和效率上都取得了显著提升，是目前效果最优秀的采样算法之一。

DPM adaptive 可以自适应地调整每一步的值，速度较慢。

Karras 采样方法

名字中带有 Karras 的采样方法，如 LMS karras、DPM2 karras、DPM2 a karras、DPM++2S a karras、DPM++2M karras、DPM++SDE karas 和 DPM++2M SDEkarras 等，使用了 Nvidia 工程师 Tero Karras 在原采样方法的基础上主持改进的算法，从而提高了输出质量和采样效率。

UniPC

UniPC（Unified Predictor-Corrector）是一种发布于 2023 年的新型采样方法。灵感来自于 ODE 求解器中的 predictor-corrector 方法，可以在 5~10 步内采样出高质量的图片。

按采样方法名称

采样方法中的数字

很多采样方法名称中有 2、3 等数字标识。

　　其中数字 2 表示此采样方法为二阶采样器，数字 3 表示此采样方法为三阶采样器。不带这些数字的就是一阶采样器，比如 Euler 采样器。

　　三阶采样器比二阶采样器准确，二阶采样器比一阶采样器准确，但阶数越高，计算复杂度也越高，耗时更长，也需要更多的计算资源。

采样方法中的字母

　　如果采样方法中有单独的 S，则代表该采样方法在每次迭代时只执行一步。

　　由于每次迭代只进行一次更新，采样速度更快，但可能需要更多的采样步数才能达到所需的图像质量，更适合需要快速反馈或实时渲染应用，因为它可以快速生成图像。

　　如果采样方法中有单独的 M，则代表该采样方法在每次迭代时执行多步，因此采样质量更高，但是每次采样速度较慢。这种采样方法只需较少的采样步数，才能达到所需的图像质量。

　　这种采样方法更适合对图像质量有较高要求的情况，或者对计算时间不太关注的情况。

3 组不同采样方法示例

　　下面通过 3 组不同的图片展示了不同采样方法的效果。

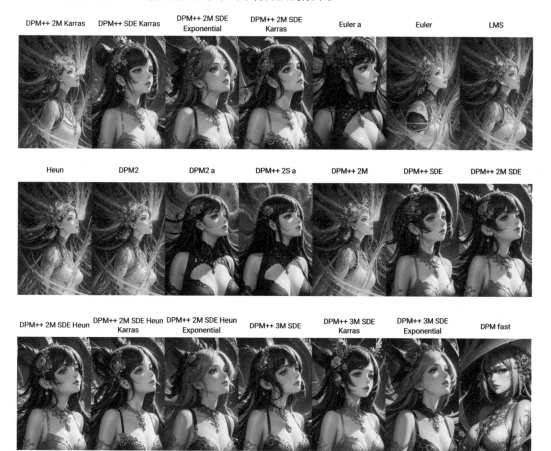

DPM adaptive　　LMS Karras　　DPM2 Karras　　DPM2 a Karras　　DPM++ 2S a Karras　　Restart　　DDIM

PLMS　　UniPC　　LCM

DPM++ 2M Karras　　DPM++ SDE Karras　　DPM++ 2M SDE Exponential　　DPM++ 2M SDE Karras　　Euler a　　Euler　　LMS

Heun　　DPM2　　DPM2 a　　DPM++ 2S a　　DPM++ 2M　　DPM++ SDE　　DPM++ 2M SDE

DPM++ 2M SDE Heun　　DPM++ 2M SDE Heun Karras　　DPM++ 2M SDE Heun Exponential　　DPM++ 3M SDE　　DPM++ 3M SDE Karras　　DPM++ 3M SDE Exponential　　DPM fast

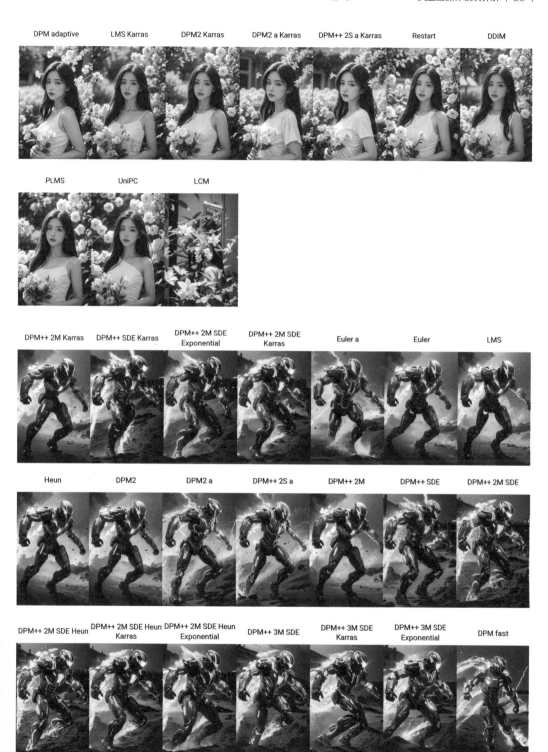

| DPM adaptive | LMS Karras | DPM2 Karras | DPM2 a Karras | DPM++ 2S a Karras | Restart | DDIM |

| PLMS | UniPC | LCM |

采样规律总结及推荐

采样方法运用规律总结

通过观察上面展示的 3 组示例图，可以看出，采用不同的采样方式获得的图像效果不完全相同，有的采样方式甚至无法获得正确的图像效果。所以，如果获得的效果不理想，不妨尝试使用不同的采样方法。

但如果放大观察效果正确的图像，可以看出来质量都非常不错。

因此，在选择这些采样方法时，要优先选择效率高的采样方法。

选择采样方法的维度

要选择最优化的采样方法需要注意效果、质量与效率 3 个维度。

» 效果是指整体的构图、光线，以及图像与提示词之间的匹配程度。

» 质量是指画面的精细程度，以及是否有锯齿等。

» 效率是指生成类似的图像所花费的时间。

采样方法推荐

根据笔者的使用经验，推荐如下采样方法。

» 如果想要稳定、可复现的结果，不要用任何带有随机性的原型采样方法。

» 如果生成的图像效果较简单，细节不太多，可以用 Euler 或 Heun 采样方法。在使用 Heun 时，可以适当调低步数。

» 如果要生成的图像细节较多，且注重图像与提示词的契合度与效率，可以选择 DPM++ 2M Karras 及 UniPC 采样方法。

但这些都只是推荐,针对具体的图像生成项目,最好的方法之一,还是使用"脚本"功能中的"*XYZ*表格"功能,生成类似于前面页面展示的使用不同采样方法的索引图。

引导系数(CFG Scale)

了解引导系数

在生成图像时,CFG Scale 是一个非常关键的参数,控制着文本提示词对生成图像的影响程度。

简而言之,CFG Scale 参数值越大,生成的图像与文本提示词的相关性越高,但可能会失真;数值越小,相关性越低,越有可能偏离提示词或输入图像,但质量越好。较高的 CFG Scale 参数值不仅能提高生成结果与提示词的匹配度,还会提高结果图片的饱和度和对比度,使颜色更加平滑。但此参数值并不是越高越好,过高的值生成的图像效果可能导致图像效果变差。

3 组不同引导系数示例

下面通过 3 组不同的图片展示了不同引导系数的结果。

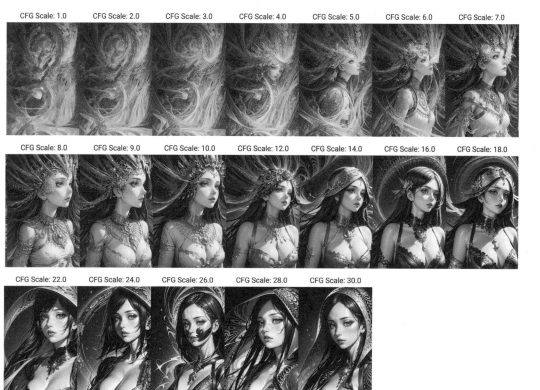

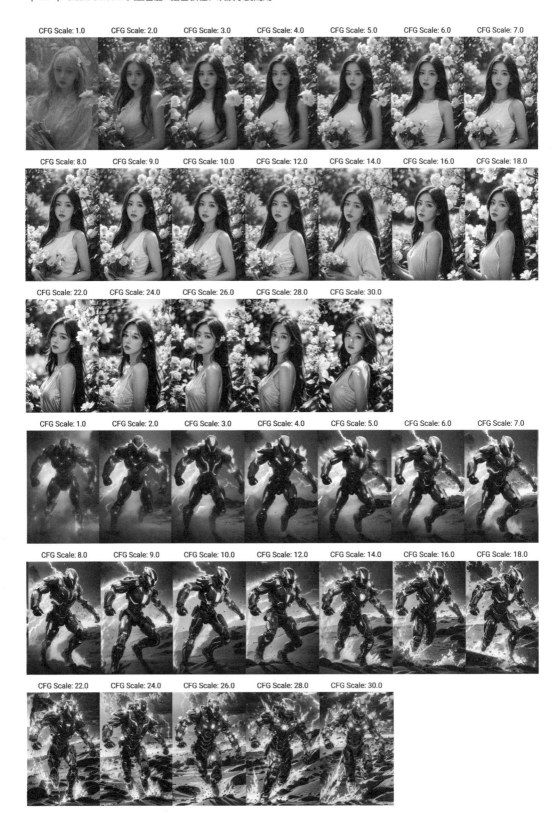

引导系数规律总结及推荐

通过分析以上 3 组示例图像，可以看出，随着数值升高，图像细节越来越多，但过高的值会导致图像画面崩坏。

下面是各个引导系数值对图像的影响。

» 引导系数 1：使用此数值时，提示词对图像的影响非常小，而且生成的图像模糊、暗淡。

» 引导系数 3：使用此数值，可以生成比较有创意的图片，但图像的细节比较少。

» 引导系数 7：此数值是默认值，使用此数值可以让 SD 生成有一定创新性的图像，而且图像内容也比较符合提示词。

» 引导系数 15：此数值属于偏高的引导系数，此时生成的图像更加接近提示词。当使用不同的模型时，有可能导致图像失真。

» 引导系数 30：一个极端值，SD 会较严格地依据提示词生成图像，但生成的图像大概率会有过于饱和、图像失真、变形的情况。

根据笔者的使用经验，可以先从默认值 7 开始，然后根据需要进行调整。

采样方法与引导系数的关系

了解采样方法与引导系数的关系

前面分别讲解了不同采样方法与引导系数的意义，并给出了一些经验化的推荐，但实际上，由于在具体生成图像时，需要同时设置采样方法与引导系数。因此，这就涉及这两个参数相互配合的问题。具体来说，当使用不同的采样方法时，也要灵活调整引导系数，以获得最优化的效果与效率。

例如，下面是笔者在生成后面展示的一组人像图像时，使用的采样方法与引导系数关系文字总结，从中不难看出，当使用不同的采样方法时，引导系数对图像影响也不相同。

» DPM++3M SDE karras 采样方法：引导系数达到 29 时才开始成形。

» Euler 采样方法：引导系数为 13 效果不错，但细节不太多。

» DPM++2M SDE Heun karras 采样方法：引导系数为 25 时图像才基本成形。

» DPM adaptive 采样方法：引导系数为 5 时图像就已经成形，即便数值再继续增加，对图像效果与质量也没有大的影响。

» DPM++2M karras 采样方法：引导系数为 13 时图像成形，即便数值再继续增高，对图像效果与质量也没有大的影响。

» Restart 采样方法：引导系数为 11 时画面成形，随着数值继续增高，画面的细节不断发生变化。

3 组不同采样方法与引导系数示例

下面通过一个图表展示使用不同引导系数时，不同采样方法的生成效果。

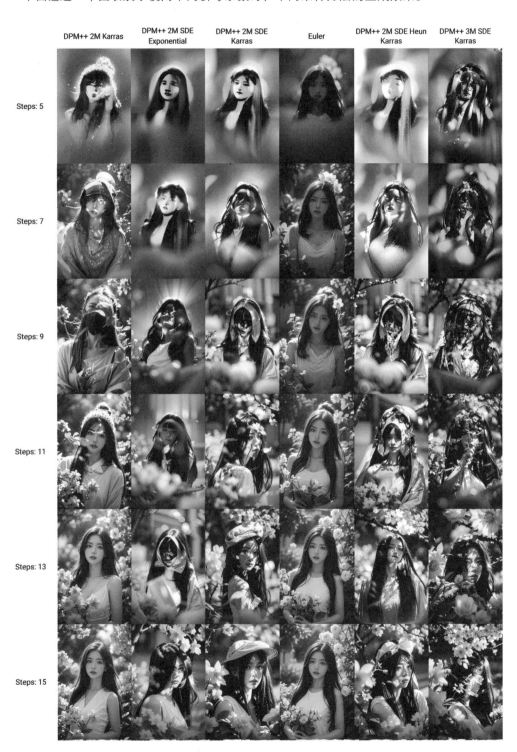

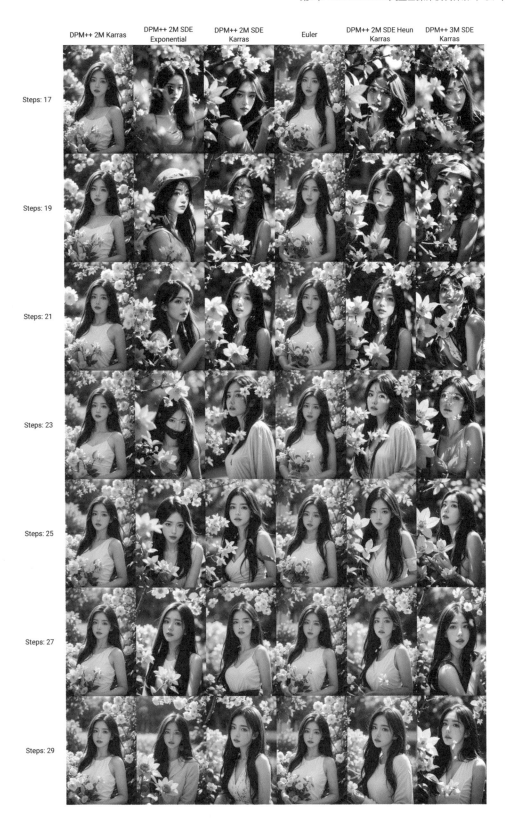

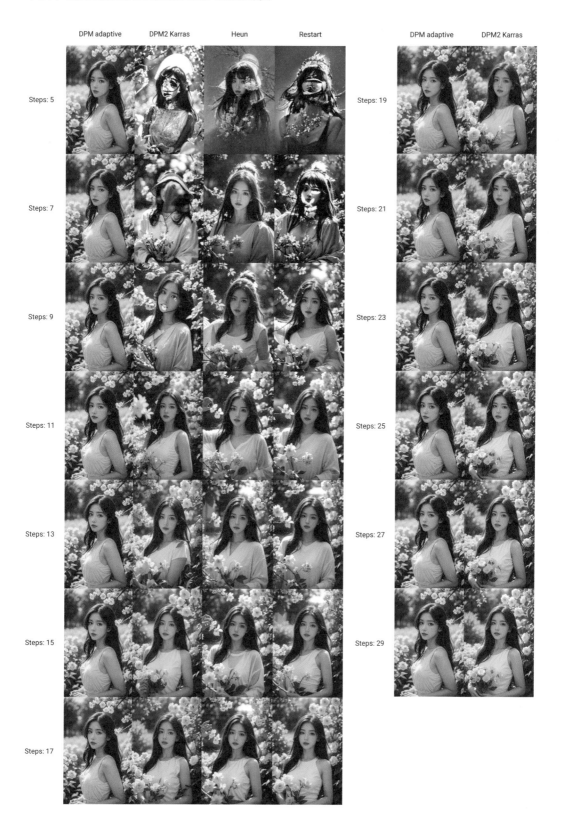

高分辨率修复（Hires. fix）

了解高分辨率修复

此参数有两个作用，第一是将小尺寸的图像转换为高清大尺寸图像，第二是修复 SD 可能出现的多人、多肢体情况。

放大算法

根据不同的图像类型与内容，在此可以选择不同的放大算法，具体在后面详细讲解并示例。

高分迭代步数

高分迭代步数与前面讲过的"迭代步数（Steps）"的含义基本相同，取值范围建议为 5~15。如果将其设置为 0，将应用与"迭代步数（Steps）"相同的数值。

重绘幅度

高清修复使用的方法是重新向原图像添加噪声信息，并逐步去噪，来生成图像。新生成的图像或多或少都与原图像有所区别，数值越高，改变原图内容也就越多。因此在 SD 生成图像时，创作者会发现在生成过程中，图像的整体突然发生了变化。

左下图为将此数值设置为 0.1 时的效果，中间图像的重绘幅度值为 0.5，右下图的重绘幅度值为 0.8，可以看出每张图像均不相同，其中数值为 0.8 的图像变化幅度最大。

放大倍数

放大倍数可以根据需要进行设置，通常建议为 2，以提高出图效率。如果需要更大的分辨率，可以使用其他方法。

放大算法详解

1. Latent

Latent 是一种基于 VAE 模型的图像增强算法，通过将原始图像编码成潜在向量，并对其进行随机采样和重构，从而提高图像的质量、对比度和清晰度。这种算法适合于对低清晰度、模糊、低对比度和有噪声的图像进行提升和增强。

2. Lanczos

Lanczos 是一种基于低通滤波算法的图像升级算法，在升级图像尺寸时可以保留更多的细节和结构信息，因此可以增强图像的分辨率和细节。这种算法适用于分辨率较低的图像、文档或照片，以获得更高质量、更清晰的图像。

3. Nearest

Nearest 是一种基于图像插值的图像升级算法，它使用插值技术将低分辨率的图像升级到高分辨率。虽然它可以快速生成高分辨率图像，但有图像边缘模糊、细节丢失等问题。Nearest 适用于对速度需求较高，而不需要过多细节的场景。

4. LDSR

LDSR（Low-Dose CT Super-Resolution）是一种用于医学图像重建的算法，它通过卷积神经网络和自注意力机制，提高图像的准确度和清晰度。这种算法适用于对 CT、MRI 等医学图像进行重建和处理。

5. ESRGAN_4x、R-ESRGAN 4x+ 和 R-ESRGAN 4x+ Anime6B

ESRGAN_4x、R-ESRGAN 4x+ 和 R-ESRGAN 4x+ Anime6B 都是神经网络算法，用于实现图像超分辨率。它们可以将低分辨率的图像升级到更高的分辨率，并可以保留更多的细节和纹理信息。这些算法的不同之处在于采用的网络结构、训练方法及对不同类型图像处理的效果。ESRGAN_4x 适用于一般的图像超分辨率场景，R-ESRGAN 4x+ 主要用于增强细节和保留更多的纹理信息，R-ESRGAN 4x+ Anime6B 适用于对线条化的动漫和卡通图像进行提升分辨率处理。

6. ScuNET GAN 和 ScuNET PSNR

ScuNET GAN 和 ScuNET PSNR 都是基于生成对抗网络（GAN）的图像超分辨率算法，

其训练方法和网络结构相对其他超分辨率算法更加复杂。ScuNET GAN 适用于提升画面比较复杂的图像，ScuNET PSNR 适用于同时需要保持更多图像细节、纹理、颜色等信息的处理场景。

7. SwinIR 4x

SwinIR 4x 是一种最新的基于 Transformer 模型的图像超分辨率算法，它采用多尺度、多方向的注意力机制和局部位置感知来提高图像的清晰度、细节和纹理。与传统的 CNN 网络不同，Transformer 网络可以更好地处理长期依赖关系和全局信息。SwinIR 4x 适用于对复杂、高清晰度图像的处理场景。

3 组采用不同放大算法示例

下面通过 3 组图像展示了不同放大算法的结果。

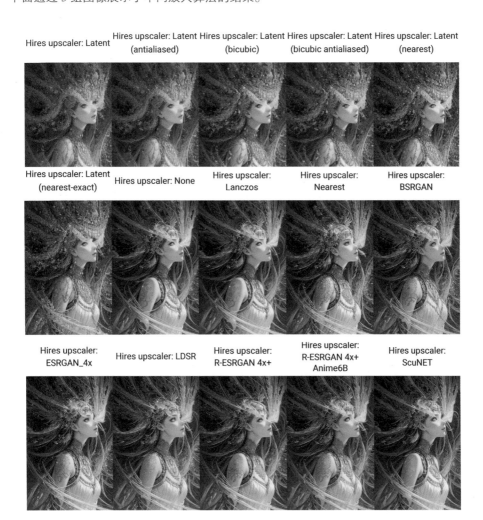

Hires upscaler: Latent | Hires upscaler: Latent (antialiased) | Hires upscaler: Latent (bicubic) | Hires upscaler: Latent (bicubic antialiased) | Hires upscaler: Latent (nearest)

Hires upscaler: Latent (nearest-exact) | Hires upscaler: None | Hires upscaler: Lanczos | Hires upscaler: Nearest | Hires upscaler: BSRGAN

Hires upscaler: Latent | Hires upscaler: Latent (antialiased) | Hires upscaler: Latent (bicubic) | Hires upscaler: Latent (bicubic antialiased) | Hires upscaler: Latent (nearest)

Hires upscaler: Latent (nearest-exact) | Hires upscaler: None | Hires upscaler: Lanczos | Hires upscaler: Nearest | Hires upscaler: BSRGAN

高分辨率修复使用思路及参数推荐

高分辨率修复使用思路

在使用"高分辨率修复（Hires.fix）"时，应该遵循以下原则，在不开启此选项的情况下，先通过多次尝试获得认可效果的小图，在此情况下单击"随机数种子（Seed）"参数右侧的 🎲 图标，以固定种子数，然后设置此选项，以获得高清大图。

高分辨率修复参数推荐

对于"放大算法"有以下建议。

» 如果处理的是写实照片类图像，可以选择 LDSR 或者 ESRGAN_4x、BSRGAN。

» 如果处理的是绘画、3D 类的图像，可以选择 ESRGAN_4x、Nearest。

» 如果处理的是线条类动漫插画类图像，可以选择 R-ESRGAN 4x+ Anime6B。

对于各个参数有以下建议。

重绘幅度为 0.2~0.5，采样次数为 0。这个参数既可以防止低重绘导致的仅放大现象，又可以避免高重绘带来的图像变化问题。

总批次数、单批数量

在 SD 中生成图像时有相当高的随机性，创作者往往需要多次单击"生成"按钮，以生成大量图像，从中选出令人满意的图像。为了提高生成图像的效率，可以使用这两个参数批量生成图像。

参数的含义

"总批次数"是指计算机按队列形式依次处理多少次图像。例如，当此数值为 6、"单批数量"为 1 时，是指计算机每次处理 1 张图像，处理完后，继续执行下一任务，直至完成 6 张图像的处理任务。

"单批数量"是指计算机同时处理的图片数值。例如，当此数值为 6、"总批次数"为 2 时，是指计算机同时处理 6 张图像，共处理 2 次，合计处理得到 12 张图像。

使用技巧

这两个数值不建议随意设置，而是要考虑自己所使用的计算机的显卡大小。

如果显存较大，可以设置较高的"单批数量"，以便于一次性处理多张图像，加快运行速度。

如果显存较小，应设置较高的"总批次数"，以防止因一次处理的图片过多导致内存报错。

当"单批数量"较高时，SD 将同时显示正在处理的图像，如右图所示。

当"单批数量"为 1、"总批次数"较高时，SD 依次显示正在处理的图像，如右图所示。

随机数种子（Seed）

了解种子的重要性

由于 SD 生成图像是从一张噪声图开始的，使用采样方法逐步降噪，最终得到所需要的图像。因此，SD 需要一个生成原始噪声图的数值，此数值即为种子数。

正是由于种子数的存在，因此 SD 生成图像有相当高的随机性，每次生成的图像都不尽相同，增加了生成图像的多样性与趣味性。

由于种子数是起点，决定了最终图像的效果，因此每次在 SD 上使用完全相同的提示词与参数时，如果种子数不同，也会得到不同的图像，而如果将种子数固定，则会得到相同的生成图像。这也就意味着，如果要复现网上某位设计师的图片，不仅要获得其提示词、参数，更重要的是获得其种子值。

获得随机种子数

在生成图像时，如果单击"随机数种子（Seed）"右侧的骰子图标🎲，则可以使此数值自动变化为 – 1，此时执行生成图像操作，SD 会使用随机数值生成起始噪声图像。

固定种子数

单击"随机数种子（Seed）"参数右侧的🎲图标，可以自动调出上一次生成图像时的种子数，如下图所示。

随机数种子 (Seed)

429634471

但如果执行的是批量生成图像的操作，则即便使用了上面的方法来固定种子数，SD 也仍然会使用不同的种子数。因为批量生成图像，如果持续使用同一种子数，只会得到完全相同的图像，这就失去了批量生成图像的意义。

固定种子数使用技巧

在种子数及其他参数固定的情况下，可以通过修改提示词中的情绪单词，获得不同表情的图像，例如笔者使用的提示词为：1girl,shining eyes,pure girl,(full body:0.5),luminous petals,long hair,flowers garden,branch,butterfly,contour deepening,upper body,look back,(((sad))),small shoulder bag,blurry background，分别将 sad 修改为其他不同情绪的单词后，获得了不同表情的图像。

除了改变情绪，这个方法也适用于修改其他的微小特征，如头发颜色、肤色、年龄和配饰等，或者通过某一单词观察其对生成图像的影响，此操作的前提是要使用对应的模型，否则变化不明显。

变异随机种子

当在"随机数种子（Seed）"右侧单击黑色三角下拉箭头时，则可以显示变异种子控制参数，如下图所示。

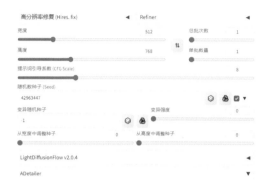

大家可以通过下面这个简化例子来理解各个参数的使用。

如果生成效果 A 的种子为 5，生成效果 B 的种子为 10，那么当"随机数种子（Seed）"为 5、"变异随机种子"为 10 时，将"变异强度"设置为 1，则可生成效果 B 图像，将"变异强度"设置为 0，则生成效果 A 图像，将"变异强度"设置为 0.5，则生成 A 与 B 的混合图像。

所以，可以将"随机数种子（Seed）"理解为起点，将"变异随机种子"理解为终点，将"变异强度"理解为步数。

将"变异强度"设定为 0，表示生成图像的种子没有增减，仍用"随机数种子（Seed）"数值。

将"变异强度"设定为 1，表示生成图像的种子调整到了"变异随机种子"数值。

将"变异强度"设定介于 0~1 的值，则视此数值对"随机数种子（Seed）"进行按比例增加或减少。

但在这个过程中，并不会生成"四不象"类影像，因为每次生成图像时种子数仍然是一个能够生成独立噪声图像的数值，下面展示一个具体案例。

| Var. strength: 0.1 | Var. strength: 0.2 | Var. strength: 0.3 | Var. strength: 0.4 | Var. strength: 0.5 |

| Var. strength: 0.6 | Var. strength: 0.7 | Var. strength: 0.8 | Var. strength: 0.9 | Var. strength: 1.0 |

在这个案例中，笔者将"随机数种子（Seed）"设置为 2782590839，将"变异随机种子"设置为 2782590838。

当"随机数种子（Seed）"为 2782590839、"变异随机种子"为 2782590838、"变异强度"为 1 时，生成的图像与关闭"变异随机种子"选项，但将"随机数种子（Seed）"设置 2782590838 时完全相同。

用"*XYZ*图表"脚本对比参数

· 了解"*XYZ*图表"脚本

由于 SD 在生成图像时涉及众多参数、选项、模型，而且当这些变量相互配合时，会产生千变万化的效果，再加上生成图像时的随机性，几乎使 SD 生成高质量图像的参数选择与配置成为一门"玄学"。

而解密这门"玄学"的"钥匙"就是"*XYZ*图表"脚本。

此脚本可以生成一个由 3 个变量构成的可视化三维数据图表，以帮助创作者观察当不同变量变化时对图像的影响，以更深入地了解各个参数的作用。

只要灵活地使用此功能，即使 SD 不断更新模型、选项、参数，创作者也可以通过生成各种表格，来分析新的参数、选项的含义。

例如，在本章前面的部分中，笔者在展示不同迭代步数等参数对图像的影响时，展示的大量示例图均为使用此功能生成的。

设置"*XYZ*图表"的方法

要启用"*XYZ*图表"脚本功能，需要在 SD 最下方的界面中找到"脚本"功能下拉列表，在其中选择 *X/Y/Z plot*，如下页图所示。

在"X 轴类型""Y 轴类型""Z 轴类型"下拉列表中可以选择需要分析观察的参数变量。要确保选中"包含图例注释"复选框，以使生成的图像有参数标注。

如果需要生成图像之间有间隙，可以控制"网格图边框"（单位：像素）的数值。

生成的网格图为 PNG 格式，默认保存在 SD 安装目录的 /outputs/txt2img-grids 文件夹中。

如果要测试模型、采样方法等参数，可以在"X 轴类型""Y 轴类型""Z 轴类型"下拉列表中选择对应的选项，然后在"X 轴值""Y 轴值""Z 轴值"下拉列表中分别选择，如下图所示。

如果要测试的是一系列自定义的数值，如种子数、迭代步数、变异强度等，可以先在"X 轴类型""Y 轴类型""Z 轴类型"下拉列表中选择对应的选项，然后在"X 轴值""Y 轴值""Z 轴值"文本框中输入数值，并以英文逗号分隔开，如下图所示。

设置"XYZ 图表"的技巧

在测试模型、采样方法等参数时，可以单击右侧的 book 小图标⬚，一次性加载所有可选项，然后再依次删除不需要的选项。

在测试种子数、迭代步数、变异强度等要自定义的参数时，除了可以直接输入数值，也可以使用以下两种方式。

以测试种子数为例，如果在输入框中输入"起点 – 终点（间距）"，例如 20 – 50(+10)，则等同于输入了 20,30,40,50，即从 20 到 50，每个递增步长值为 10。

如果输入"起点 – 终点 [步数]"，例如 10 – 40[4]，则等同于输入了 10,20,30,40，即从 10 到 40，共分 4 步。

利用自定义变量生成图表

除了可以通过"X 轴类型""Y 轴类型""Z 轴类型"下拉列表中各个固定的选项来生成图表，还可以利用 Prompt S/R 选项，以自定义的方式来生成图表。

Prompt S/R 中的 S 其实是 Search 的缩写，R 是 Replace 的缩写，合在一起的意思是在提示词中按指定的参数进行查找与替换。

例如，为了测试一组 LoRA 模型，笔者在提示词 1girl,<lora:hjysleekrobot2--000014:1> 中将 000014:1 修改为 N:S，使提示词中 LoRA 的写法是 <lora:hjysleekrobot2--N:S>。

接下来在"X 轴类型""Y 轴类型"中均选择Prompt S/R选项，将"X轴值"设为N,000001,000002,000003,000004,000005,000006,000007,000008,000009,000010,000011,000012,000013,000014,000015，将"Y轴值"设置为S,0.7,0.8,0.9,1。

则可以使 SD 用"X 轴类型"参数 N 所定义的一系列模型 hjysleekrobot2--000001 至 hjysleekrobot2--000010，与"Y 轴类型"参数 S 所定义的一系列权重参数 0.7,0.8,0.9,1 在分别匹配的情况下，生成数十张示例图，如下图所示。

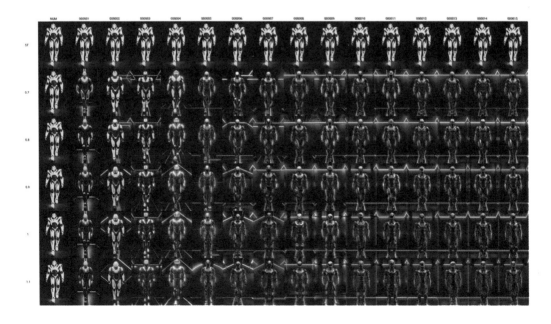

用 Refiner 混合模型

了解 Refiner 功能

单击 Refiner 右侧的黑色小箭头，可以展开其参数，如下图所示。

此功能的作用是使用 SD 中的 XL 模型时切换为 Refiner 模型，但由于 XL 模型较少，因此目前较常用于混合模型。即当创作者在 Refiner 选项区域的"模型"下拉列表中选择模型后，SD 将根据"切换时机"参数，使其在用主模型生成部分图像后，基于此处选择的第二个模型用剩余的迭代步数生成余下的图像，从而得到混合了主模型与 Refiner 模型特征的图像。

Refiner 混合模型效果分析

下面通过两个案例来展示此功能的效果。首先，选择主模型为"超梦幻 2.5D 模型 .safetensors [0bf5fb6145]"，然后将 Refiner 选项区域的"模型"设置为 majicmixRealistic_v7.safetensors [7c819b6d13]。并用前面章节所学习的"XYZ 图表"功能，依据不同的"切换时机"参数生成了下面的图像。

Refiner switch at: 0.1 Refiner switch at: 0.2 Refiner switch at: 0.3 Refiner switch at: 0.4 Refiner switch at: 0.5

Refiner switch at: 0.6 Refiner switch at: 0.7 Refiner switch at: 0.8 Refiner switch at: 0.9 Refiner switch at: 1.0

通过上面展示的示例图可以看出来，当"切换时机"参数为 0.1 时，"超梦幻 2.5D 模型 .safetensors [0bf5fb6145]"几乎没有发挥作用，因此图像基本上是由写实风格的 majicmixRealistic_v7.safetensors [7c819b6d13] 模型生成的。

随着参数值上升，"超梦幻 2.5D 模型 .safetensors [0bf5fb6145]"模型所占据的步长值越来越多，因此生成的图像也越来越偏 3D 模型的效果。

当数值达到 1 时，majicmixRealistic_v7.safetensors [7c819b6d13] 模型完全不发挥作用，因此图像效果表现为纯粹的 3D 模型效果。

Refiner 的使用技巧

了解 Refiner 的原理后，即可以用此功能来混融模型，创作出风格更独特的图像。

例如，hellomecha_V10Beta.safetensors [b359d57d35] 是一款偏游戏风格的模型，单纯使用此模型生成的图像效果如下左图所示。

majicmixRealistic_v7.safetensors [7c819b6d13] 是一款偏写实的模型，单纯使用此模型生成的图像如下右图所示。

为了使生成的写实人像具有游戏风格，则可以按下图所示来设置 Refiner，从而获得如下图所示的效果。

在使用此功能时，需要避免开启"高分辨率修复（Hires. fix）"，否则生成图像的融合效果将大打折扣。当然，随着 SD 版本的升级，相信这一问题将会得到有效解决。

用 ADetailer 修复崩坏的脸与手

在使用 SD 生成人像时，往往会出现脸与手崩坏的情况，在此情况下，需要打开如下图所示的 ADetailer 选项区域，以对生成的图像进行修复。

此功能对脸部修复的成功率非常高，但对手部修复则并不十分理想。即便如此，笔者仍建议开启，因为有一定的修复成功的概率。

第3章

掌握提示词撰写逻辑
及权重控制技巧

认识 SD 提示词

在使用 SD 生成图像时，无论是用"文生图"模式，还是使用"图生图"模式，均需要填写提示词，可以说如果不能正确书写提示词，几乎无法得到所需要的效果。因此，每一个使用 SD 的创作者，都必须掌握提示词的正确撰写方法。

正面提示词

正面提示词用于描述创作者希望出现在图像中的元素，以及画质、画风。书写时要使用英文单词及标点，可以使用自然语言进行描述，也可以使用单个的字词。

前者如 A girl walking through a circular garden，后者如 A girl，circular garden，walking。

从目前 SD 的使用情况来看，如果不是使用 SDXL 模型最新版本，最好不要使用自然语言进行描述，因为 SD 无法充分理解这样的语言。即便使用的是 SDXL 模型，也无法确保 SD 能正确理解中长句型。

正因如此，使用 SD 进行创作有一定的随机性，这也是许多创作者口中所说的"抽卡"，即通过反复生成图像来从中选择令自己满意的图像。

常用的方法之一是在"总批次数"与"单批数量"数值输入框中输入不同的数值，以获得若干张图像，如下图所示。

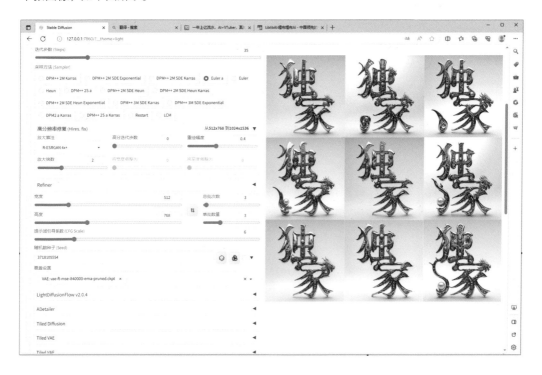

另一种方法是在"生成"按钮上单击鼠标右键,在弹出的快捷菜单中选择"无限生成"命令,以生成大量图像,直至选择"停止无限生成"命令,如下图所示。

正确书写正向提示词至关重要,这里不仅涉及书写时的逻辑,还涉及语法、权重等相关知识,这些内容将会在后面详细讲解。

负面提示词

简单地说,负面提示词有两大作用,第一是提高画面的品质,第二是通过描述不希望在画面中出现的元素或不希望画面具有的特点来完善画面。例如,为了让人物的长发遮盖耳朵,可以在负面提示词中添加 ear;为了让画面更像照片而不是绘画作品,可以在负面提示词中添加 painting,comic 等词条;为了让画面中的人不出现多手多脚,可以添加 too many fingers,extra legs 等词条。

例如,左下图为没有添加负面提示词的效果,右下图为添加负面提示词后的效果,可以看出来质量有明显提高。

相对而言，负面提示词的撰写逻辑比正面提示词简单许多，而且可以使用以下两种方法。

使用 Embedding 模型

由于 Embedding 模型可以将大段的描述性提示词整合打包为一个提示词，并产生同等甚至更好的效果，因此 Embedding 模型常用于优化负面提示词。

比较常用的 Embedding 模型有以下几个。

1.EasyNegative

EasyNegative 是目前使用率极高的一款负面提示词 Embedding 模型，可以有效提升画面的精细度，避免模糊、灰色调、面部扭曲等情况，适合动漫风大模型，下载链接如下。

https://civitai.com/models/7808/easynegative

https://www.liblib.art/modelinfo/458a14b2267d32c4dde4c186f4724364

2.Deep Negative_v1_75t

Deep Negative 可以提升图像的构图和色彩，减少扭曲的面部、错误的人体结构、颠倒的空间结构等情况的出现，无论是动漫风还是写实风的大模型都适用，下载链接如下。

https://civitai.com/models/4629/deep-negative-v1x

https://www.liblib.art/modelinfo/9720584f1c3108640eab0994f9a7b678

3.badhandv4

badhand 是一款专门针对手部进行优化的负面提示词 Embedding 模型，能够在对原画风影响较小的前提下，减少手部残缺、手指数量不对、出现多余手臂的情况，适合动漫风大模型，如下图所示。

此模型下载链接如下。

https://civitai.com/models/16993/badhandv4-animeillustdiffusion

https://www.liblib.art/modelinfo/388589a91619d4be3ce0a0d970d4318b

4.Fast Negative

Fast Negative 也是一款非常强大的负面提示词 Embedding 模型，它打包了常用的负面提示词，能在对原画风和细节影响较小的前提下提升画面精细度，动漫风和写实风的大模型都适用，下载链接如下。

https://civitai.com/models/71961/fast-negative-embedding

https://www.liblib.art/modelinfo/5c10feaad1994bf2ae2ea1332bc6ac35

使用通用提示词

生成图像时，可以使用下面展示的通用负面提示词。

nsfw,ugly,duplicate,mutated hands, (long neck), missing fingers, extra digit, fewer digits, bad feet,morbid,mutilated,tranny,poorly drawn hands,blurry,bad anatomy,bad proportions,extra limbs, cloned face,disfigured,(unclear eyes),lowers, bad hands, text, error, cropped, worst quality, low quality, normal quality, jpeg artifacts, signature, watermark, username, bad feet, text font ui, malformed hands, missing limb,(mutated hand and finger:1.5),(long body:1.3),(mutation poorly drawn:1.2),malformed mutated, multiple breasts, futa, yaoi,gross proportions, (malformed limbs), NSFW, (worst quality:2),(low quality:2), (normal quality:2), lowres, normal quality, (grayscale), skin spots, acnes, skin blemishes, age spot, (ugly:1.331), (duplicate:1.331), (morbid:1.21), (mutilated:1.21), (tranny:1.331), mutated hands, (poorly drawn hands:1.5), blurry, (bad anatomy:1.21), (bad proportions:1.331), extra limbs, (disfigured:1.331), (missing arms:1.331), (extra legs:1.331), (fused fingers:1.61051), (too many fingers:1.61051), (unclear eyes:1.331), lowers, bad hands, missing fingers, extra digit,bad hands, missing fingers, (((extra arms and legs)))

正面提示词结构

在撰写正面提示词时，可以参考下面的通用模板。

质量 + 主题 + 主角 + 环境 + 气氛 + 镜头 + 风格化 + 图像类型

这个模板的组成要素解释如下。

» 质量：即描述画面的质量标准。

» 主题：要描述出想要绘制的主题，如珠宝设计、建筑设计和贴纸设计等。

» 主角：既可以是人，也可以是物，对其大小、造型和动作等进行详细描述。

» 环境：描述主角所处的环境，如室内、丛林中和山谷中等。

» 气氛：包括光线，如逆光、弱光，以及天气，如云、雾、雨、雪等。

» 镜头：描述图像的景别，如全景、特写及视角水平角度类型。

» 风格化：描述图像的风格，如中式、欧式等。

» 图像类型：包括图像是插画还是照片，是像素画还是 3D 渲染效果等信息。

在具体撰写时，可以根据需要选择一个或几个要素来进行描述。

同时需要注意，避免使用没有实际意义的词汇，如紧张的气氛、天空很压抑等。

在提示词中可以用逗号分割词组，且有一定的权重排序功能，逗号前权重高，逗号后权重低。

因此，提示词通常应该写为如下样式。

图像质量 + 主要元素（人物，主题，构图）+ 细节元素（饰品，特征，环境细节）

若想明确某主体，应当使其生成步骤靠前，将生成步骤数加大，词缀排序靠前，将权重提高。

画面质量→主要元素→细节

若想明确风格，则风格词缀应当优于内容词缀。

画面质量→风格→元素→细节

质量提示词

质量就是图片整体看起来如何，相关的指标有分辨率、清晰度、色彩饱和度、对比度和噪声等，高质量的图片会在这些指标上有更好的表现。正常情况下，我们当然想生成高质量的图片。

常见的质量提示词：best quality（最佳质量）、masterpiece（杰作）、ultra detailed（超精细）、UHD（超高清）、HDR、4K、8K。

需要特别指出的是，针对目前常见常用SD1.5版本模型，在提示词中添加质量词是有必要的。如果使用的是较新的SDXL版本模型，则由于质量提示词对生成图片的影响很小，因此可以不必添加，因为SDXL模型默认会生成高质量的图片。

而SD1.5版本的模型在训练时使用了各种不同质量的图片，所以要通过质量提示词告诉模型优先使用高质量数据来生成图像。

下面展示的两张图像使用了完全相同的底模、生成参数，唯一的区别是，在生成右下图展示的图像时使用了质量提示词best quality,4K,UHD,best quality,masterpiece，而生成左下图展示的图像时没有使用质量提示词。从图像质量来看，右图质量明显高于左图。

掌握提示词权重

在撰写提示词，可以通过调整提示词中单词的权重来影响图像中局部图像的效果，其方法通常是使用不同的符号与数字，具体如下所述。

用大括号 "{}" 调整权重

如果为某个单词添加 {}，则可以为其增加 1.05 倍权重，以增强其在图像中的表现。

用小括号 "( )" 调整权重

如果为某个单词添加（），可以为其增加 1.1 倍权重。

用双括号 "(( ))" 调整权重

如果使用双括号，则可以叠加权重，使单词的权重提升为 1.21 倍（1.1×1.1），但最多可以叠加使用 3 个双括号，即 1.1×1.1×1.1=1.331 倍。

例如，当以 1girl,shining eyes,pure girl,(full body:0.5),luminous petals,short hair,Hidden in the light yellow flowers,Many flying drops of water,Many scattered leaves,branch,angle,contour deepening,cinematic angle 为提示词生成图像时，可以得到如下左图所示的图像。但如果为 Many flying drops of water 叠加 3 个双括号，则可以得到如下右图所示的图像，可以看出水珠明显增多。

用中括号"[ ]"调整权重

前面介绍的符号均为添加权重，如果要减少权重，可以使用中括号，以减少该单词在图像中的表现。当添加 [] 后，可以将单词本身的权重降低 0.9，同样最多可以用 3 个。

例如，下图为 Many flying drops of water 叠加三个 [] 后得到的效果，可以看出水珠明显减少了。

用冒号":"调整权重

除了使用以上括号，还可以使用冒号加数字的方法来修改权重。

例如，(fractal art:1.6) 就是指为 fractal art 添加 1.6 倍权重。

当使用提示词 masterpiece, top quality, best quality, official art, beautiful and aesthetic:1.2),(1girl),extreme detailed,fractal art,colorful,highest detailed 生成图像时，分别为 fractal art 添加了 1.1 至 1.9 数字权重，获得了下面这组图像。

调整权重的技巧与思路

调整权重的技巧

在正面或负面提示词中选择一个词语后，按住 Ctrl 键和上下方向键，可以快速给这个词语加括号，调整权重。

调整权重的思路

在调整权重时，可以先以无权重设置的正面提示词生成图像，并根据图像效果来加强或降低某些单词的权重，以精确修改图像的效果。

通常降低权重会削弱图像中的元素，而提高权重可以增强图像中的元素，但需要注意的是权重降低太多，将导致元素消失，权重提高太多，则将导致图像画风全变。

例如，观察上面一组图像，可以看出，当将权重提升到 1.6 时，将导致图像完全发生变化。

调整权重失败的原因

如果在调整权重时，即便使用较高的权重值也无法影响图像，这可能是由于 LoRA 或模型中没有相关单词的训练素材。

例如，当使用提示词 gold dragon,white jade,(pearl:0.8),(ruby eyes),luster,gold chinese dragon,Luxury,masterpiece,high quality,high resolution,wings,<lora:hjyzbwz3-000009:0.65>,chinese pattern,background,gorgeous,Gilded,<lora:hjyzb-000007:0.6> 生成图像时，得到的是如下左图所示的图像。虽然将 white jade 的权重调整为 1.7，但仍然无法得到白玉材质，如下右图所示。

但当更换底模并修改 LoRA 后，并将 white jade 的权重修改为 1.3，则可以得到如右图所示的白玉材质效果。

将 white jade 的权重修改为 1.6，则可以得到如右图所示的效果。

精通控制及融合语法

[X:when] 精通控制语法

这个语法结构的提示词，可以控制 SD 在 when 数值所规定的步骤之后才开始生成 X 元素。

例如，当使用提示词 [flower:0.5] 时，是希望在 50% 的步骤结束后，开始生成花朵。

例如，下左图为使用提示词 1girl,shining eyes,pure girl,(full body:0.5),There are many scattered luminous petals,flower,Many flying drops of water,Many scattered leaves,branch,angle,contour deepening,cinematic angle 生成的图像，下中图为将 flower 修改为 [flower:0.9] 生成的效果，可以看出由于已经过了 90% 的生成步骤，因此画面中几乎没有多少花朵，下右图为使用 [flower:0.5] 生成的效果，可以看出由于生成步骤已经过半，因此画面中的花朵虽然比使用 [flower:0.9] 时的多，但比下左图还是少很多。

除使用小于 1 的数字来代表百分比外，还可以利用大于 1 的数字来表示，从多少步开始生成某一元素。

例如，如果创作者使用的"迭代步数"为 20，那么在提示词中使用 [flower:10] 与 [flower:0.5] 的效果则是完全一样的，如右侧两张图所示为分别使用这两个提示词生成的图像。

[X|Y] 融合语法及使用要点

这个语法结构的提示词，可以控制 SD 生成 X 元素与 Y 元素特征交替出现的图像。

例如，当在提示词中使用 [cow|horse] 时，则意味着生成的动物融合了牛与马的特征，如下左图所示。同理，可以使用 [dog|cat] 生成混合了狗与猫特点的动物，如下右图所示。

在操作时，还可以尝试使用 [X|Y|Z] 这样的语法结构来尝试混合 3 种元素，例如下左图为笔者使用 [cow|dog|cat] 得到的图像，但由于元素较为复杂，因此在生成时有相当高的失败概率，如下右图所示为笔者使用相同的提示词生成的图像，效果明显是失败的。

使用这种提示词时还需要注意以下两个要点。

无法整合不同属性的元素

即使可以写出 [cow|cake] 这样的提示词，也无法得到用蛋糕做的牛，或者有牛的外形的蛋糕，下面是笔者使用此提示语生成的图像。

底模决定了融合是否能够成功

当使用这种方法撰写提示词时，如果使用某一种底模无法成功，不妨更换其他底模进行尝试。如下左图为使用 majicmixRealistic_v7 底模得到的效果，可以看出来效果不好。但当使用底模 realisticVisionV51 再次以相同的提示词及种子值生成图像时，则可以得到如下右图所示的效果。

理解提示词顺序对图像效果的影响

在默认情况下，提示词中越靠前的单词权重越高，这意味着当创作者发现在提示词中某一些元素没有体现出来时，可以依靠两种方法来使其出现在图像中。

第一种方法是使用前面曾经讲过的叠加括号的方式。

第二种方法是将此单词移动至句子前面。

例如，当以提示词 1girl,shining eyes,pure girl,(full body:0.5),scattered petals,flower,scattered leaves,branch,angle,contour deepening,cinematic angle,Exquisite embroidered in gorgeous Hanfu,Blue printed floral cloth umbrella,red chinese bag,dragon and phoenix patterns 生成图像时，得到的效果如下左图所示，可以看到图像中并没有出现笔者在句子末尾添加的 red chinese bag,dragon and phoenix patterns（红色中国风格包、龙凤图案）。

但如果将 red chinese bag,dragon and phoenix patterns 移于句子的前部，即提示词为 1girl,red chinese bag,dragon and phoenix patterns,shining eyes,pure girl,(full body:0.5),scattered petals,flower,scattered leaves,branch,angle,contour deepening,cinematic angle,Exquisite embroidered in gorgeous Hanfu,Blue printed floral cloth umbrella，再生成图像，则可以使图像中出现红色的包，如下右图所示。

提示词与复现样图的关系

为什么要复现样图

在 LoRA 模型分享网站可以看到大量可供下载的 LoRA 模型，但由于数量庞大，因此质量良莠不齐。验证这些模型质量一个最简单的方法就是复现模型创作者的原始样图。

下图两张图展示了某一个模型下方的讨论区，可以看出大家对于是否能复现样图还是比较关注的。

哪些因素影响样图复现

简单来说，由于 SD 出图有一定的随机性，因此要完全复现样图，需要使用与生成样图时完全一样的正面提示词、负面提示词、底模、LoRA、种子数，以及迭代步数等所有参数。

但有些创作者会发现即使用了完全一样的设置，也无法复现样图，因此百思不得其解。其实，在大多数情况下，问题就出现在了提示词上。

例如，下面是用于生成图像的两条提示词，大家可以尝试看看是否能发现其中的区别。

1girl,shining eyes,pure girl,(full body:0.5),scattered petals,flower,scattered leaves,branch,angle,contour deepening,cinematic angle,Exquisite embroidered in gorgeous Hanfu,red chinese bag,dragon and phoenix patterns

1girl,shining eyes,pure girl,(full body:0.5),scattered petals,flower,scattered leaves,branch,angle,contour deepening,cinematic angle,Exquisite embroidered in gorgeous Hanfu,red chinese bag,dragon and phoenix patterns

如果粗看这两条提示词会认为两者是完全一样的，但在所有参数与设置保持不变的情况下，使用第一条提示词生成的图像如下页左图所示，使用第二条提示词生成的图像如下页右图所示。

虽然上面的两幅图像大部分是相同的，但相信还是有许多读者能发现，衣服上的花纹、模特的眼神有细微不同。

之所以出现这样细微的区别只是因为在第一条提示词中在 branch 后面添加了两个逗号，而第二条只有一个逗号。

由此案例不难看出，要完全复制别人的样图，如果不能够获得其完整的出图参数，几乎是一件不可能完成的事。

获得与抹除提示词、设置参数

获得提示词与设置参数

通过前面的讲述相信各位读者已经了解了要复现样图，必须获得其提示词与设置参数。实际上，使用 SD 的"PNG 图片信息"功能，就可以较好地获得这些信息。

在 SD 中单击"PNG 图片信息"选项卡，切换至其工作界面，如下页上图所示。

将要查看信息的图片拖至左侧的上传图片框，则右侧就会显示其相关信息，如下图所示。

但需要注意的是，在右侧的信息区域中，并不包括有关 ControlNet 的参数，因此如果样图使用了与其相关的参数，则仍然无法完美复现样图。

当获得相关提示词与设置后，可以单击下方的"发送到文生图""发送到图生图"等按钮，以在此参数下生成图像，或者通过局部修改其中的参数，获得其他图像。

抹除提示词与设置参数

并不是所有图像的提示词与参数都需要向外界分享，如果创作者认为自己使用的提示词与参数需要保密，则可以通过抹除提示词，使其他人无法查看，如下图右侧所示。

　　要抹除图片信息的方法很多，例如，可以在截图软件直接截图后上传，可以在 Photoshop 中将其转存为其他格式的图像，还可以利用一款名为 exifcleaner 的专业图像信息抹除软件来抹除这些信息，软件的下载地址为 https://github.com/szTheory/exifcleaner/releases。

第 4 章

了解底模与 LoRA 模型

理解并使用 SD 底模模型

什么是底模模型

当打开 SD 后，最左上方就是 SD 底模模型（也称为主模型）下拉列表框，由此不难看出其重要性。

在人工智能的深度学习领域，模型通常是指具有数百万到数十亿参数的神经网络模型。这些模型需要大量的计算资源和存储空间来训练和存储，旨在提供更强大、更准确的性能，以应对更复杂、更庞大的数据集或任务。

简单来说，SD 底模模型就是通过大量训练，使 AI 掌握各类图片的信息特征，这些海量信息汇总沉淀下来的文件包，就是底模模型。

由于底模模型文件里有大量信息，因此，通常我们在网上下载的底模模型文件都非常大，下面展示的是笔者使用的底模模型文件，可以看到最大的文件有 7GB，小一些文件也有4GB。

文件名	大小	日期	类型
Anything_jisanku.ckpt	7,523,104 KB	2023/10/16 3:16	CKPT 文件
chilloutmix_safetensors	7,522,730 KB	2023/10/16 1:31	SAFETENSORS ...
影视游戏概念模型.safetensors	7,522,730 KB	2023/10/16 1:48	SAFETENSORS ...
插画海报风格.safetensors	7,522,720 KB	2023/10/16 5:52	SAFETENSORS ...
SDXL_base_1.0.safetensors	6,775,468 KB	2023/11/8 11:25	SAFETENSORS ...
SDXL DreamShaper XL1.0_alpha2 (xl1.0).safetensors	6,775,458 KB	2023/10/15 20:08	SAFETENSORS ...
SDXL juggernautXL_version5.safetensors	6,775,451 KB	2023/10/5 0:06	SAFETENSORS ...
SDXL sdxlNijiSpecial_sdxlNijiSE.safetensors	6,775,435 KB	2023/10/15 19:51	SAFETENSORS ...
leosamsHelloworldSDXLModel_helloworldSDXL10.safetensors	6,775,433 KB	2023/10/5 12:34	SAFETENSORS ...
SDXL leosamsHelloworldSDXLModel_helloworldSDXL10.safetensors	6,775,433 KB	2023/10/15 20:04	SAFETENSORS ...
SDXL dynavisionXLAllInOneStylized_release0534bakedvae.safetensors	6,775,432 KB	2023/10/15 19:55	SAFETENSORS ...
SDXL Microsoft Design 微软混彩风格_v1.1.safetensors	6,775,431 KB	2023/10/15 20:08	SAFETENSORS ...
SDXL refiner_vae.safetensors	5,933,577 KB	2023/10/15 22:01	SAFETENSORS ...
建筑 realistic-archi-sd15_v3.safetensors	5,920,999 KB	2023/10/16 5:56	SAFETENSORS ...
2.5D: protogenX34Photorealism_1.safetensors	5,843,978 KB	2023/10/16 0:17	SAFETENSORS ...
建筑 aargArchitecture_v10.safetensors	5,680,582 KB	2023/10/18 18:29	SAFETENSORS ...
perfectWorld_perfectWorldBakedVAE.safetensors	5,603,625 KB	2023/10/26 1:33	SAFETENSORS ...
AbyssOrangeMix2_nsfw.safetensors	5,440,238 KB	2023/10/16 2:09	SAFETENSORS ...

理解底模模型的应用特点

需要特别指出的是，底模模型文件并不是保存的一张张的图片，这是许多初学者的误区。底模模型文件保存的是图片的特征信息数据，理解这一点以后，才会明白为什么有些底模模型长于绘制室内效果图，有些长于绘制人像，有些长于绘制风光。

所以这就涉及底模模型的应用特点，这也是为什么一个 AI 创作者需要安装数百 GB 的底模模型的原因。

因为只有这样才可以在绘制不同领域的图像时，调用不同的底模模型。

这也是 SD 与 Midjourney（MJ）最大的不同之处，我们可以简单地将 MJ 理解为一个通用大模型，只不过这个大模型不保存在本地，而 SD 由无数个分类底模模型构成，想绘制哪一种图像，就需要调用相对应的底模模型。

下面展示的是使用同样的提示词、参数，仅更换底模模型的情况下，绘制出来的图像，从中可以直观地感觉到底模模型对图像的影响。

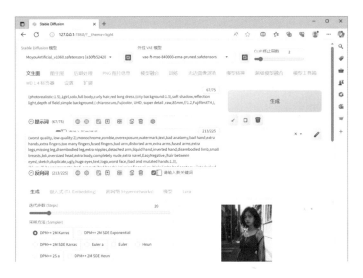

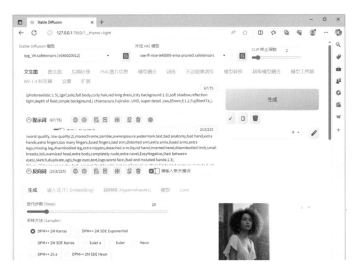

在前面展示的 3 张图像中，最上方的图像使用的底模模型为 MoyouArtificial_v1060，此底模模型专门用于绘制写实类人像。因此，从右侧生成的图像可以看出来，成品效果非常真实。

在生成中间的图像时，使用的底模模型为 MechaMix_v1.0，此底模模型用于生成机器类 3D 渲染效果图像。因此，右侧展示的生成图像具有非常明显的 3D 风格。

生成最下方的图像时，使用的底模模型是 RPG V4，这个底模模型专注于生成中世纪和角色扮演游戏中的角色属性和元素。因此，从右侧展示的图像也能看出来，图像有明显的游戏块面感。

理解并使用 LoRA 模型

认识 LoRA 模型

LoRA（Low-Rank Adaptation），是一种可以由爱好者定制训练的小模型，可以理解为底模模型的补充或完善插件，能在不修改底模模型的前提下，利用少量数据训练出一种独特的画风、IP 形象、景物，是掌握 SD 的核心所在。

由于其训练是基于底模模型的，因此数据量比较低，文件也比较小，下面展示的是笔者使用的部分 LoRA 模型，可以看到，小的模型只有 30MB，大的也不过 150MB，与底模模型动辄几 GB 的文件大小相比，可以说区别巨大。

lucyCyberpunk_35Epochs.safetensors	147,534 KB	2023/10/16 23:03	SAFETENSORS 文件
genshinImpact_2原神风景.safetensors	110,705 KB	2023/10/16 22:30	SAFETENSORS 文件
中国龙chineseDragonChinese_v20.safetensors	85,942 KB	2023/10/16 22:10	SAFETENSORS 文件
epiNoiseoffset_v2.safetensors	79,571 KB	2023/10/16 23:00	SAFETENSORS 文件
万叶服装kazuhaOfficialCostumeGenshin_v10.safetensors	73,848 KB	2023/10/16 22:13	SAFETENSORS 文件
chilloutmixss_xss10.safetensors	73,845 KB	2023/10/16 22:10	SAFETENSORS 文件
Euan Uglow style.safetensors	73,844 KB	2023/10/4 23:53	SAFETENSORS 文件
chineseArchitecturalStyleSuzhouGardens_suzhouyuanlin...	73,843 KB	2023/10/16 22:34	SAFETENSORS 文件
xiantiao_style.safetensors	73,842 KB	2023/10/4 23:44	SAFETENSORS 文件
羽-翅膀-摄影_v1.0.safetensors	73,841 KB	2023/11/2 22:38	SAFETENSORS 文件
arknightsTexasThe_v10.safetensors	73,840 KB	2023/10/16 23:01	SAFETENSORS 文件
ghibliStyleConcept_v40动漫风景.safetensors	73,839 KB	2023/10/16 22:27	SAFETENSORS 文件
CyanCloudyAnd_v20苍云山.safetensors	46,443 KB	2023/10/16 22:31	SAFETENSORS 文件
chineseStyle_v10中国风建筑.safetensors	43,904 KB	2023/10/16 22:31	SAFETENSORS 文件
gachaSplashLORA_gachaSplash31.safetensors	36,991 KB	2023/10/16 22:59	SAFETENSORS 文件
eddiemauroLora2 (Realistic).safetensors	36,987 KB	2023/10/5 11:40	SAFETENSORS 文件
vegettoDragonBallZ_v10贝吉特龙珠.safetensors	36,983 KB	2023/10/16 22:18	SAFETENSORS 文件
苗族服装HmongCostume_Cyan.safetensors	36,983 KB	2023/10/16 22:13	SAFETENSORS 文件
龙ironcatlora2Dragons_v10.safetensors	36,978 KB	2023/10/16 22:13	SAFETENSORS 文件

使用 LoRA 模型需要注意，有些 LoRA 模型的作者会在训练时加上一些强化认知的触发词，即只有在提示词中添加这一触发词，才能够激活 LoRA 模型，使其优化底模模型生成的图像，因此在下载模型时需要注意其触发词。

有的模型没有触发词，这个时候直接调用即可，模型会自动触发控图效果。

与底模模型一样，为了让各位读者直观感受 LoRA 模型的作用，下面使用同样的提示词、参数，展示使用及不使用，以及使用不同的 LoRA 模型时，得到的图像。

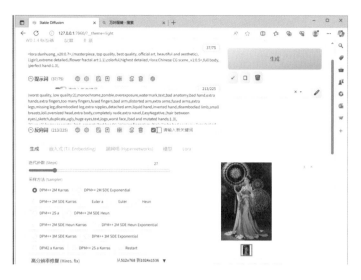

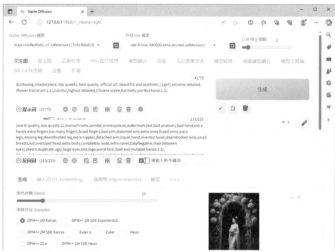

在前面展示的三张图像中，最上方的图像使用的 LoRA 模型为 dunhuang_v20，此模型专门用于绘制敦煌风格人像。因此，从右侧生成的图像可以看出来，成品图像的人物身着华丽的敦煌服饰，且效果非常真实。

在生成中间的图像时，没有使用LoRA模型，仅仅是在提示词中添加了与敦煌有关的词条，因此效果并不想。

生成最下方图像时，使用的 LoRA 模型是 kazuhaOfficialCostumeGenshin_v10，这个模型专注于模拟原神游戏中的万叶服装元素。因此，从右侧展示的图像也能看出来，图像有明显的原神风格。

叠加 LoRA 模型

与底模模型不同，LoRA 模型可以叠加使用，并通过权重参数使生成的图像同时有几个LoRA 模型的效果。

例如，在下面展示的界面中，笔者使用的提示词为 1girl at coffee shop,<lora: 烈焰战魂_Raging flames_V1:1.8>,(driver's helmet:1.2),transparent helmet,(front view:1.4),(masterpiece),(best quality:1.2),(photorealistic:1.4),future technology,science fiction,future mecha,streamlined construction,internal integrated circuit,red and black,panorama,coffee house,bust,upper_body,clean face,clean skin,<lora: 机甲 - 未来科技机甲面罩_v1.0:0.4>。

为了使机器人戴上机甲头盔的同时身体上还有火焰，这里使用了名为"烈焰战魂_Raging flames_V1"与"机甲 - 未来科技机甲面罩_v1.0"的两个 LoRA 模型，并通过权重参数进行了调整。

下面展示当使用不同权重数据时图像的变化。

lora: 烈焰战魂 _Raging flames_V1:1.0
lora: 机甲 - 未来科技机甲面罩 _v1.0:0.4

lora: 烈焰战魂 _Raging flames_V1:1.0
lora: 机甲 - 未来科技机甲面罩 _v1.0:0.6

lora: 烈焰战魂 _Raging flames_V1:1.0
lora: 机甲 - 未来科技机甲面罩 _v1.0:0.8

lora: 烈焰战魂 _Raging flames_V1:1.0
lora: 机甲 - 未来科技机甲面罩 _v1.0:1.0

lora: 烈焰战魂 _Raging flames_V1:1.5
lora: 机甲 - 未来科技机甲面罩 _v1.0:0.6

lora: 烈焰战魂 _Raging flames_V1:1.6
lora: 机甲 - 未来科技机甲面罩 _v1.0:0.4

lora: 烈焰战魂 _Raging flames_V1:1.8
lora: 机甲 - 未来科技机甲面罩 _v1.0:0.4

lora: 烈焰战魂 _Raging flames_V1:2.0
lora: 机甲 - 未来科技机甲面罩 _v1.0:0.4

lora: 烈焰战魂 _Raging flames_V1:2.0
lora: 机甲 - 未来科技机甲面罩 _v1.0:0.6

通过上面展示的系列图像可以看出，权重数值并非均等影响生成火焰的"lora: 烈焰战魂 _Raging flames_V1"，以及生成机甲面罩的"lora: 机甲 - 未来科技机甲面罩 _v1.0"，所以，在实战中创作者要自行尝试不同的数据，以获得令人满意的整合效果。

使用 LoRA 模型的方法

与选择底模模型只需在界面右上角的"模型"下拉列表中选择模型不同，要使用 LoRA 模型，需要切换到 LoRA 选项卡，如下图所示。

在此页面中可以看到许多不同的 LoRA 模型，有些模型有封面图，有些模型没有封面图，如下图所示。

将光标放在正向提示词的文本输入框中，单击要使用的 LoRA 模型，则提示词会自动添加一个 LoRA 模型提示词，如 front,glowing blue armor,glowing blue wings,holding glowing blue weapons,(moon, starry sky, meteor),<lora: 烈焰战魂 _Raging flames_V1:1>。

其中的 <lora: 烈焰战魂 _Raging flames_V1:1> 就是笔者通过单击添加的 LoRA 模型，其初始权重为 1，创作者可以根据需要修改。

查看 LoRA 模型信息

将鼠标指针放在 LoRA 模型右上角的小扳手图标上时，此图标会变为红色，如下图所示。

单击此图标后，可以进入 LoRA 模型的信息显示页面，以查看 LoRA 的详细信息，如下图所示。

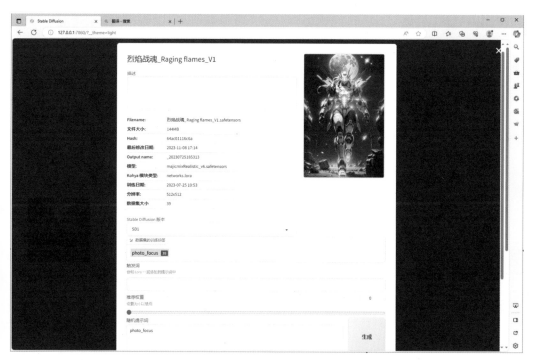

其中比较关键的信息是用于训练此 LoRA 模型的底模，即"模型"右侧显示的模型名称。例如，从上图可以看出来，这个 LoRA 模型使用的底模为 majicmixRealistic_v6。

除此之外，生成图像时最好依据"分辨率"数值来生成，并在此基础时进行成倍放大。

另外，需要注意 Hash 值，此处显示的代码称为哈希值。如果此代码与另一个 LoRA 模型相同，证明这两个 LoRA 模型是一样的，只是名字不同而已。

为 LoRA 模型添加封面

在前面的章节中，笔者展示的 LoRA 模型都没有封面，要解决这个问题，必须掌握下面讲解的有关于 LoRA 模型封面的知识。

首先，LoRA 模型并不是自带的，而是一张与 LoRA 模型同名的图像。当此图像与 LoRA 模型在同一个文件夹内时，SD 就能够自动加载此图像使其成为 LoRA 模型的封面。

例如，在下面展示的图像中，只有名称为"烈焰战魂_Raging flames_V1"的 LoRA 模型有一个同名的图片，因此在 SD 的 LoRA 选项卡中也只能看到此 LoRA 模型有封面，如下图所示。

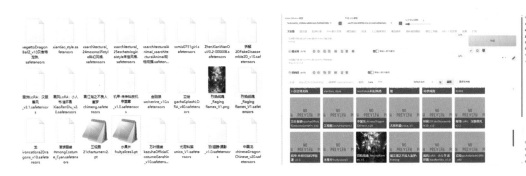

所以，如果从网上下载一张使用此 LoRA 模型渲染的图像，并放在 LoRA 模型文件夹内，在 SD 的 LoRA 选项卡中刷新一下，则可以使其显示封面。

此外，还可以按下面的方法操作。

先使用要制作封面的 LoRA 模型渲染一张图片，如下图所示。

切换到 LoRA 选项卡，单击要添加封面的 LoRA 模型，在此使用的是"2023314RobotDisplay_v10 机器人展示"，单击右上方的扳手小图标，打开 LoRA 模型信息窗口，单击最下方的"替换预览图像"按钮，则可以看到右上方的预览图像已被替换为刚刚渲染生成的图像，如下页上图所示。

修改 LoRA 模型预览卡片尺寸

在前面的章节中，笔者展示的 LoRA 模型卡片尺寸比较大，这导致每一行只能显示有限的几张卡片，降低了卡片的浏览效率。

但按下面的方法操作，则可以缩小卡片的尺寸及文本大小，使一行显示更多的卡片，如下图所示。

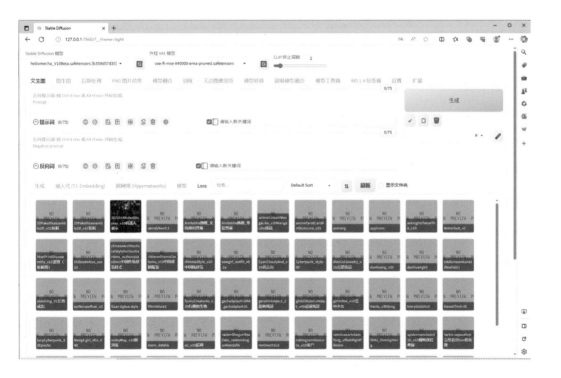

单击"设置"选项卡，在左侧单击选择"扩展模型"选项。

在对话框中将"扩展模型卡片宽度（单位"像素"）""扩展模型卡片高度（单位"像素"）"设置为100，并将"卡片文本大小（1= 原始尺寸）"设置为0.5，如下图所示。

然后单击最上方的"保存设置"和"重载 UI"，即可完成设置操作。

以文件夹形式管理 LoRA 模型

用户可以在 models\Lora 文件夹中以文件夹的形式组织使用 LoRA 模型，以便于分类管理 LoRA 模型。此时，可以选中 SD 界面中 LoRA 选项卡中的"显示文件夹"复选框，以显示这些文件夹。

如下左图为文件夹形式的 LoRA 模型结构，下右图为 SD 界面中显示的效果。

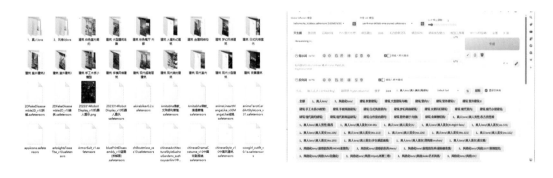

底模与 LoRA 模型匹配技巧

在前面曾经讲解过，LoRA 是在底模模型的基础上经由少量数据特训出来的，这意味着，在使用 LoRA 模型时，一定要选择正确的底模模型，否则甚至无法得到正确的结果。

以前面曾经使用过的"lora: 烈焰战魂 _Raging flames_V1"为例，此 LoRA 模型是在人像底模模型的基础上训练出来的，因此即使使用不同的底模模型，只要此模型包括人像相关数据，基本上可以得到不错的效果。如下面展示的两组图像，上面的图像使用的底模模型为"白城主综合机甲 F32_V1"，下面的图像使用的底模模型为 majicmixRealistic_v7，这二者的区别只是有的效果好，有的效果不好。

所以，如果在使用 LoRA 模型后，无法得到正确的效果，不妨尝试更换底模。

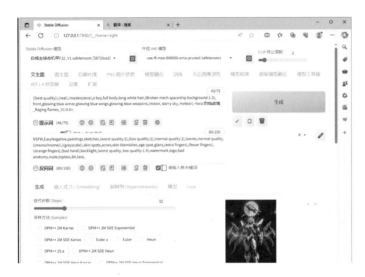

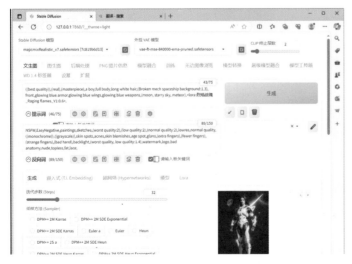

　　一般的选择技巧是使用 LoRA 模型时选择与其调性相同的底模，如国潮风格类的 LoRA，应该选择真人或 2.5D 风格的底模，科幻类 LoRA 应该选择游戏或真实系底模，室内外建筑 LoRA 应该选择专门的建筑系底模。

　　下面展示的是笔者选择了一款专业的机甲风格底模 hellomecha_V10Beta 后得到的效果，可以看出来效果非常好。

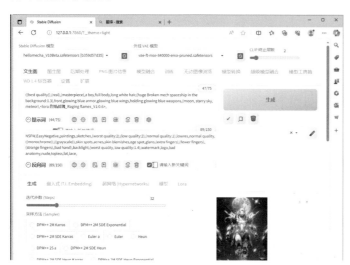 

　　下面是笔者将底模模型切换为一个专业的建筑类型底模时得到的效果，可以看出其效果甚至是不正确的，如下图所示。

　　虽然这是一个很极端的案例，但充分证明了当使用 LoRA 模型时，选择正确底模的重要性。

　　通常在下载 LoRA 模型的页面，模型作者都会特别说明应该选择哪一种底模，对于这一点，创作者要特别留意一下。

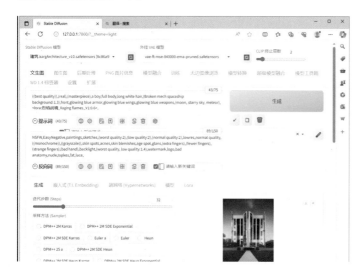 

安装底模及 LoRA 模型

模型的安装大致相同，都需要先将模型文件下载到本地，再将其放置到 Stable Diffusion 本地文件的对应文件夹中，在 WebUI 中刷新即可使用。

（1）将需要的模型下载到计算机中，这里下载的是 AWPainting_v1.2 大模型，如下图所示。

名称	修改日期	类型	大小
AWPainting_v1.2.safetensors	2023/11/29 15:15	SAFETENSORS ...	2,082,643...

> 此电脑 > 本地磁盘 (D:) > Stable Diffusion > models

（2）将 AWPainting_v1.2 模型文件剪切到 Stable Diffusion WebUI 文件夹下 models 文件夹中的 Stable-diffusion 文件夹中，这里的路径：D:\Stable Diffusion\sd-webui-aki-v4.4\models\Stable-diffusion，如下图所示。

> 此电脑 > 本地磁盘 (D:) > Stable Diffusion > sd-webui-aki-v4.4 > models > Stable-diffusion

名称	修改日期	类型	大小
anything-v5-PrtRE.safetensors	2023/4/2 17:21	SAFETENSORS ...	2,082,643...
Put Stable Diffusion checkpoints here	2022/11/21 12:33	文本文档	0 KB
AWPainting_v1.2.safetensors	2023/11/29 15:15	SAFETENSORS ...	2,082,643...

（3）打开 Stable Diffusion WebUI 页面，单击"Stable Diffusion 模型"下拉列表框右边的 🔄 按钮，刷新 SD 模型，就会在"Stable Diffusion 模型"下拉列表框中显示刚导入的 AWPainting_v1.2 模型，如下图所示。

Stable Diffusion 模型

anything-v5-PrtRE.safetensors [7f96a1a9ca]

外挂 VAE 模型

animevae.pt

√ anything-v5-PrtRE.safetensors [7f96a1a9ca]
AWPainting_v1.2.safetensors

信息　模型融合　训练　无边图像浏览　模型转换

（4）如果要安装 LoRA 模型，则要向 models\Lora 文件夹中复制了新的 LoRA 模型，然后在 SD 界面中的 LoRA 选项卡中单击"刷新"按钮，就可以查找到新加入的 LoRA 模型。

VAE 模型

"外挂 VAE 模型"下拉列表框就在底模模型下拉列表框的右侧，但其存在感并不强烈，因为在大多数情况下，使用通用的 VAE 模型就可以获得不错的效果，但创作者也必须了解并掌握其使用方法。

VAE（Variational Autoencoder）是一种生成模型，其作用是通过将输入数据映射到潜在空间中，实现对样本的压缩和重构，并且通过引入潜在变量来控制生成数据的分布，从而可以生成新的数据样本。

在 SD 中，VAE 模型主要用于修复图像的色彩，即如果仅使用底模获得的图像色彩饱和度不高，则可以再选择一款 VAE 模型对图像进行微调，将其色彩恢复成为正常的程度。

通常选择与底模同名的 VAE 模型，或者选择通用模型 vae-ft-mse-840000-ema-pruned。

下面展示的是使用相同的参数，但选择不同 VAE 模型时获得的效果，可以看出当选择不正确的 VAE 模型时，甚至不如不做任何选择。

VAE: None   VAE: kl-f8-anime.ckpt   VAE: animevae.pt

VAE: blessed2.vae.pt   VAE: orangemix.vae.pt   VAE:
vae-ft-mse-840000-ema-pruned.safetensors

T.I.Embedding 模型

什么是 T.I.Embedding 模型

T.I.Embedding 意为嵌入式向量，是指通过文本嵌入（Textual Inversion）的方式，对 Stable Diffusion 底模模型中的信息进行标记，由于 Embedding 模型本身不包含图像信息，基本上保存的是文本信息，因此文件一般只有几十到几百字节，比如最出名的 EasyNegative 模型只有 24KB，如下图所示。

T.I.Embedding 模型的使用频率也比较高，比如平时令人头疼的错误画手、脸部变形等信息都可以通过调用 T.I.Embedding 模型来解决，T.I.Embedding 模型在 Stable Diffusion WebUI 界面"生成"选项卡的右侧，如下图所示。

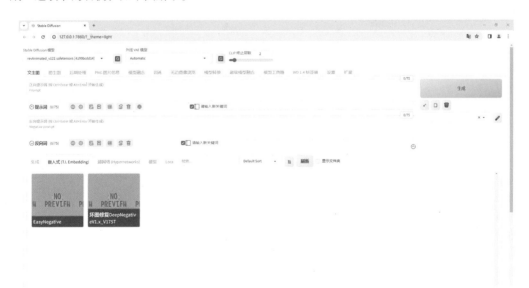

T.I.Embedding 模型的应用

要使用 T.I.Embedding 模型，首先下载扩展名为 .pt 或 .safetensors 的模型文件，将其保存在 Stable Diffusion 目录的 embeddings 文件夹中，如下图所示。

当想要生成一张指定角色的特征、风格或者画风的图像时，只在提示词中输入角色的名字，很多大模型是无法识别的，这时就需要使用角色的 T.I.Embedding 模型了，这个模型其实包含很多用于描述这个角色特征的提示词内容，因此在没有其他额外提示词的情况下，它就已经能够生成带有角色特征的图片了。这里以游戏人物 Dva 为例，左边是没有加 T.I.Embedding 模型生成的图片，右边是加了"通用风格 Corneo's D.va (Overwatch) Embedding_2.0.0"模型生成的图片，如下图所示。

在生成一张图像时，往往需要在负面提示词文本框中输入很多词语，如"低画质、黑白、多余的手指、坏手、水印"等，来避免生成低质量的图像。而 T.I.Embedding 可以将大段的描述性提示词整合打包为一个提示词，并产生同等甚至更好的效果，因此 T.I.Embedding 模型往往在负面提示词中使用。触发词一般是模型的名字，比如 EasyNegative 模型的触发词就是EasyNegative，如下图所示。

T.I.Embedding 模型推荐

目前，我们可以去 LiblibAI 上寻找 T.I.Embedding 模型。进入网站后，在主页面单击右侧的"全部类型"筛选按钮，选择 Textual Inversion，就能看到网站中所有的 T.I.Embedding 模型了，单击想要下载的模型，进入模型页面即可下载，如下图所示。

LiblibAI 网址：https://www.liblib.art/。

这里为大家整理了目前比较常用的 3 款负面提示词 T.I.Embedding 模型，大家可以根据自己的需要下载。

EasyNegative

EasyNegative 是目前使用率极高的一款负面提示词 T.I.Embedding 模型，可以有效提升画面的精细度，避免模糊、灰色调、面部扭曲等情况，适合动漫风格大模型。

下载地址：https://www.liblib.art/modelinfo/458a14b2267d32c4dde4c186f4724364。

坏图修复EasyNegative ▷ 999k+ ⬇ 5.5k 🖼 324 ♡ 212

DeepNegativeV1.x

DeepNegative 可以提升图像的构图和色彩，减少扭曲的面部、错误的人体结构、颠倒的空间结构等情况的出现，动漫风和写实风的大模型都适用。

下载地址：https://www.liblib.art/modelinfo/03bae325c623ca55c70db828c5e9ef6c。

坏图修复DeepNegativeV1.x ▷ 999k+ ⬇ 4.2k 🖼 244 ♡ 137

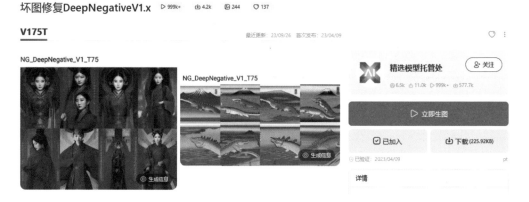

badhandv4

badhand 是一款专门针对手部进行优化的负面提示词 T.I.Embedding 模型，能够在对原画风影响较小的前提下，减少手部残缺、手指数量不对、出现多余手臂的情况，适合动漫风大模型。

下载地址：https://www.liblib.art/modelinfo/9720584f1c3108640eab0994f9a7b678。

badhandv4-AnimeIllustDiffusion ▷ 999k+ ⬇ 8.5k 🖼 138 ♡ 324

二次元 女生 人物加强 动漫角色

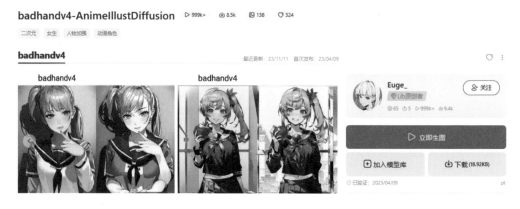

第 5 章

Stable Diffusion 图生图操作模块详解

通过简单案例了解图生图的步骤

学习目的

图生图的界面、参数与功能比文生图更加复杂，因此与文生图一样，这里特意设计了下面的案例来展示图生图的基本步骤。同样，在学习过程中，初学者不必将注意力放到各个步骤所涉及的功能、参数上，只需按步骤操作即可。

具体操作步骤

本案例首先要使用 SD 生成一张写实的人像，然后再将其转换成为漫画效果。

（1）启动 SD 后，先按前面章节学习过的内容，在文生图界面生成一张真人图像，如下图所示。

（2）在预览图下方单击 小图标，将图像发送到图生图模块并进入图生图界面，如下图所示。

（3）从 https://www.liblib.art/modelinfo/1fd281cf6bcf01b95033c03b471d8fd8 上下载名称为
AWPainting 的漫画、插画模型，如下图所示。

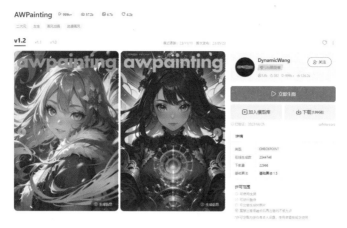

（4）在 SD 界面的"图生图"界面中，在左上方的"Stable Diffusion 模型"下拉列表中选
择刚刚下载的 AWPainting_v1.2.safetensors [3d1b3c42ec]。

（5）将此界面下方的各个参数按下图所示进行调整，并单击"生成"按钮，则可以得到如
下图所示的插画效果。

（6）修改不同的参数，
可以得到右侧展示的细节略有
不同的效果。

在上面展示的步骤中，笔者使用的是由文生图功能生成的图片，但实际上，在使用此功能时，也可以自主上传一张图片，并按同样的方法对此图片进行处理，下面介绍具体步骤。

（1）单击界面中的 ×，将已上传的图片删除，再单击上传图片区域的空白区域，则可以上传一张图片，如下图所示。

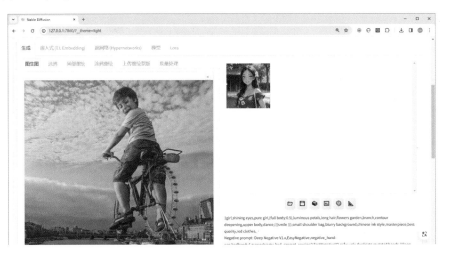

（2）单击"DeepBooru 反推"按钮，使用 SD 的提示词反推功能，从当前这张图片中反推出正确的提示词，此时正向提示词文本输入框如下图所示。

（3）由于反推得到的提示词并不全面，因此需要手工补全，例如笔者添加了 rid bicycle,look back,ship 等描述小男孩动作的词，以及质量词 masterpiece,best quality。

（4）由于此图像与前一个图像的尺寸不同，因此需要在"重绘尺寸"处单击 ◣，以获得参考图的尺寸。

（5）根据自己对"采样方法""重绘尺寸倍数""提示词引导系数""重绘幅度"的理解，重新设置这些参数，然后单击"生成"按钮，则可以得到如下页上图所示的类似于原图的插画。

在上面展示的步骤中，我们始终工作于"图生图"选项卡。在后面的章节中，笔者将分别讲解"涂鸦""局部重绘""涂鸦重绘""上传重绘蒙版""批量处理"等不同的功能。

另外，虽然需要设置若干参数，但如果与前面笔者已经讲过的文生图模块相比，就可以看出来大部分参数是相同的，因此只要掌握了文生图模块相关参数，此处的学习就易如反掌。

下面详细讲解图生图模块的各项功能。

掌握反推功能

为什么要进行反推

在使用 SD 进行创作时，经常需要临摹他人无提示词的作品，此时，对于经验丰富且英文较优秀的创作者，尚且可以写作出不错的提示词。但对初学者来说，凭自己的能力很难写作契合此作品画面的提示词。

在这种情况下，就要使用反推功能，以 SD 的反推模型来推测作品画面提示词。

注意：当首次使用此功能时，由于 SD 需要下载功能模型文件，因此可能会长时间停止在如右图所示的界面，但如果网络速度很快，等待时间会大大缩短。

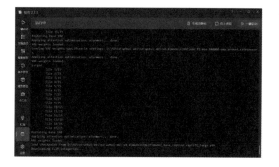

图生图模块两种反推功能的区别

SD 提供了两个反推插件，一个是 Clip，一个是 DeepBooru。前者生成的是自然描述语言，后者生成的是关键词，例如，右图为笔者上传的反推图像。

使用 Clip 反推得到的提示词为：a boy is riding a bike over a body of water with a city in the background and a bridge in the foreground。

使用 DeepBooru 反推得到的提示词为：cloud,sunset,cloudy_sky,ocean,sky,horizon,cityscape,water,shore,scenery,twilight,mountain,bicycle,outdoors,city,sunrise,mountainous_horizon,river,orange_sky,building,evening,solo,beach,sun,lake,bridge,landscape,waves,boat,dusk。

对比以上两条提示词，可以看出，使用 DeepBooru 反推得到的提示词，虽然不是自然表达句式，但总体更加准确一些，而且由于 SD 目前对自然句式理解并不好，因此，如果要进行反推，推荐使用 DeepBooru。

使用 WD1.4 标签器反推

除了使用图生图模块进行反推，还可以使用 SD 的"WD 1.4 标签器"功能进行反推。在 SD 界面中选择"WD 1.4 标签器"，然后上传图像，SD 将自动开始反推，反推成功后的界面如下图所示。

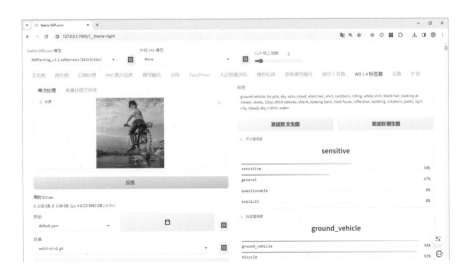

与图生图模块中的反推功能不同，"WD 1.4 标签器"功能除了可以快速得到反推结果，而且还会给出一系列提示词排序，排在上面的提示词在画面中的权重高，也更加准确。

完成反推后，可以单击"发送到文生图"或"发送到图生图"按钮，将这些提示词发送到不同的图像生成模块。

然后单击"卸载所有反推模型"按钮，以避免反推模型占用内存。

对比图生图模块中的反推功能，笔者建议各位读者首选此反推功能，次选 DeepBooru 反推，Clip 反推尽量避免使用。

涂鸦功能详解

涂鸦功能介绍

顾名思义，涂鸦功能可以依据涂鸦画作生成不同画风的图像作品。例如，如下左图展示的是小朋友的涂鸦作品，中间及下右图展示的是依据此图像生成的写实及插画风格作品。

这里展示的是涂鸦功能的主要使用方法及效果，除此之外，还可以在参考图像上通过局部涂鸦，来改变图像的局部效果。

涂鸦工作区介绍

当创作者在涂鸦工作区上传图片后，可以在工作区右上角看到 5 个按钮，下面简单介绍这 5 个按钮的作用。

» 删除图像 × ：单击此按钮，可以删除当前上传的图像。

» 绘画笔刷 ✏ ：单击此按钮，可以通过拖动滑块确定笔刷的粗细，然后在图像上自由绘制。

» 回退操作 ↺ ：单击此按钮，可以逐步撤销已绘制的笔画。

» 调色盘 ⊕ ：单击此按钮，可以从调色盘中选择笔刷要使用的颜色。

» 橡皮擦 ◒ ：单击此按钮，可以一次撤销所有已绘制的笔画。

» 在执行绘制操作时，可以使用以下快捷操作技巧。

» 按住 Alt 键，同时转动鼠标滚轮，可以缩放画布。

» 按住 Ctrl 键，同时转动鼠标滚轮，可以调整画笔大小。

» 按 R 键，可以重置画布缩放比例。

» 按 S 键，可以进入全屏模式。

» 按 F 键，可以移动画布。

需要特别指出的是，上述按钮的功能及快捷操作技巧适用于图生图模块每一个有上传图片工作区。

极抽象参考图涂鸦生成工作流程

前面笔者展示了使用小朋友的涂鸦作品生成写实照片与插画风格图像的效果。在这两个案例中，由于小朋友的涂鸦作品比较具象，因此无论用哪一种反推功能进行提示词反推，都可以得到较好的结果。

但如果上传的涂鸦作品过于抽象，或者难以辨识，如下图所示，则有可能无法通过反推得到提示词，或者得到的提示词基本是错误的。

在这种情况下，正确的方法是放弃反推，手动在正向提示词文本框中输入关键词。

以下左图为例，使用反推只能够得到一个提示词，即 moon，因此笔者手动输入了如下提示词 moon,sea,ship on sea,tree,beach,mountain,fog,night light,masterpiece,best quality。

　　选择底模 majicmixRealistic_v7.safetensors [7c819b6d13]，然后按下图所示设置相关参数，得到了效果相当不错的图像。

挖掘涂鸦功能的潜力

虽然笔者在前面均以小朋友的涂鸦作品进行示例，但实际上，上传的图片类型可以非常丰富。例如，下面展示的用其他软件绘制的室内图片，以及使用写实系大模型生成的室内装饰效果图。

下面两排图像中，左图为常见的剪影素材图片，中间及右图为使用写实系大模型生成的照片写实效果。

局部重绘功能详解

局部重绘功能介绍

实际上，通过此功能的名称，也能大概猜测出其作用，即通过在参考图像上做局部绘制，使 SD 针对这一局部进行重绘式修改。

例如，下左图是原图，其他两张图是使用局部重绘功能修改模特身上的衣服后，获得的换衣效果。

局部重绘使用方法

下面通过一个实例讲解此功能的基本使用方法，其中涉及的参数将在后面讲解。

（1）上传要重绘的图像，使用画笔工具绘制蒙版，将要局部重绘的衣服遮盖住，如下左图所示。

（2）按下右图设置生成参数，然后将"提示词引导系数"设置为7、"重绘幅度"设置为0.75。

（3）确保使用的底模是写实系大模型，然后将正面提示词修改为 yellow gold dress,hand down,masterpiece,best quality，负面提示词可以使用通用的提示词，如 negative_hand-neg,badhandv4,monochrome,bad_prompt_version2,FastNegativeV2,nsfw,ugly,duplicate,mutated hands,(long neck),missing fingers,blurry,bad anatomy,bad proportions,extra limbs,cloned face,disfigured,lowers,bad hands,text,error,cropped,worst quality,low quality,normal quality,jpeg artifacts,signature,watermark,username,bad feet,text font ui,malformed hands,missing limb,(mutated hand and finger:1.5),(long body:1.3),(mutation poorly drawn:1.2),malformed mutated,multiple breasts,futa,yaoi,gross proportions,(malformed limbs),NSFW,(worst quality:2),(low quality:2),(normal quality:2),lowres,normal quality,(monochrome)),(grayscale),skin spots,acnes,skin blemishes,age spot,(ugly:1.331),duplicate,(morbid:1.21),mutilated,(tranny:1.331),mutated hands,(poorly drawn hands:1.5),blurry,bad anatomy,(bad proportions:1.331),disfigured,(missing arms:1.331),extra legs

（4）完成设置后，多次单击"生成"按钮，即可得到所需要的效果。

重绘时蒙版的细节问题

在进行操作时，需要特别指出的是关于蒙版区域的绘制问题，笔者在绘制时特意扩大了蒙版区域，将右侧手臂与包都包括在蒙版中。这是由于如果仅仅按衣服的精确位置与尺寸绘制蒙版，则在所有参数默认的情况下，有可能因为蒙版接触到了右手，导致生成的图像包括多余的手指。

例如，下左图为笔者绘制的相对精确的蒙版，其他图像为使用此蒙版生成的图像，可以看出来几乎都出现了多手指的问题。

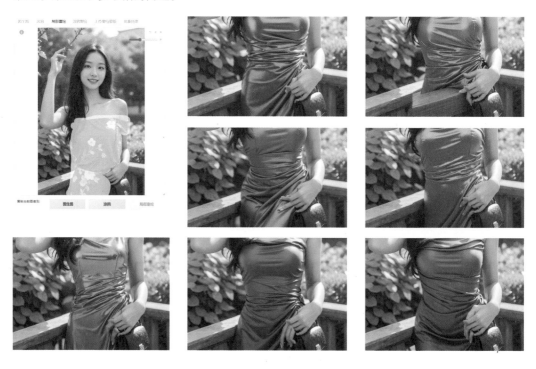

图生图共性参数讲解

如果分别单击图生图模块的"局部重绘""涂鸦重绘""上传蒙版重绘""批量处理"4个选项卡，就会发现有些参数是共用相通的。

下面分别讲解这些参数，再一一讲解这4个功能的使用方法。

缩放模式

此参数有"仅调整大小""裁剪后缩放""缩放后填充空白""调整大小（潜空间放大）"4个选项，用于确定当创作者上传的参考图与在图生图界面设置的"重绘尺寸"不同时，SD处理图像的方式。

下面通过示例直观地展示当笔者选择不同的选项时获得的不同图像效果。

笔者先上传了一张尺寸为1024×1536的图像，如右图所示，然后将"重绘尺寸"设置为1024×1024。

接下来分别选择上述4个选项中的前3个，得到的图像如下图所示。

仅调整大小　　　　　　　裁剪后缩放　　　　　　　缩放后填充空白

通过上面的示例图可以看出，当选择"仅调整大小"选项后，SD将按非等比方式缩放图像，以使其尺寸匹配1024×1024。

当选择"仅裁剪后缩放"选项后，SD将裁剪图像，以使其尺寸匹配1024×1024。

当选择"缩放后填充空白"选项后，SD等比改变图像画布，使其尺寸匹配1024×1024。由于原图像尺寸为1024×1536，而"重绘尺寸"为1024×1024，因此SD将等比压缩图像的高，使其等于1024，由于压缩后图像的宽度小于1024，因此需要扩展图像画布，同时对新增的画布进行填充。

当选择"调整大小（潜空间放大）"选项后，与"仅调整大小"选项一样SD将按非等比方式缩放图像，以使其尺寸匹配1024×1024，与"仅调整大小"不一样的是，由于是反馈到潜空间中进行运算，图像会出现模糊变形的效果。

蒙版边缘模糊度

要理解这个参数，首先要理解为什么在 SD 中通过绘制的蒙版对图像的局部进行重绘，能生成过渡自然的图像。

这是由于在 SD 中根据蒙版运算时，不仅考虑被蒙版覆盖的区域，还会在蒙版边缘的基础上向外扩展一定的幅度。

例如，在下面展示的两个蒙版中，虽然蒙版只覆盖了部分头发，但 SD 在运算时会在此蒙版的基础上，会继续向外扩展若干像素。

即将下图中红色线条覆盖的区域也考虑在运算数值内，并在生成新图像时与红色线条覆盖的区域相融合。

红色线条宽度是由"蒙版边缘模糊度"数值来确定的，此数值默认是 4，一般控制在 10 以下，这样边缘模糊度刚好适中，融合得相对比较自然。如果数值过低，新生成的图像边缘显得生硬；如果数值过高，影响到的图像区域会过大。

下面是一组使用不同数值获得的图像。

数值 0

数值 1

数值 3

数值 5

数值 7

数值 9

数值 11

数值 20

数值 30

受限于图书的印刷效果，可能各位读者在观看上面展示的除数值 0 与 1 以外各数值的生成效果时感觉不十分明显，但实际上只要在计算机屏幕上观看，就能够明显看出来当数值为 15 时，新生成的图像部分与原图像融合效果是最好的，而数值更大的融合效果变化则不再明显。

蒙版模式

蒙版模式包括两个选项，即"重绘蒙版内容"和"重绘非蒙版内容"。

如果用蒙版覆盖的区域是要重绘的部分，则要选择"重绘蒙版内容"选项。

如果要重绘的区域很大，此时可以仅用蒙版覆盖不进行重绘的区域，然后选择"重绘非蒙版内容"选项。

在上面展示的案例中，笔者要更换模特的服装，因此均选择的是"重绘蒙版内容"选项。

蒙版区域内容处理

蒙版区域内容处理包括四个选项，即"填充""原版""潜空间噪声""空白潜空间"。4个选项由于采用了不同的算法，因此得到的效果差异非常明显。

» 填充：选择此选项后，SD 在蒙版区域将图像模糊后，重新生成提示词指定的图像。

» 原版：选择此选项后，SD 依据蒙版区域覆盖的原图信息，生成风格类似且符合提示词信息的图像。

» 潜空间噪声：选择此选项后，SD 完全依据提示词生成新图像，且由于会重新向蒙版区域填充噪声，因此图像的风格变化比较大。

» 空白潜空间：选择此选项后，SD 清空蒙版区域，然后依据蒙版区域周边的像素色值平均混合得到一个单一纯色，并以此颜色填充蒙版区域，然后在此基础上重绘图像。如果希望重绘的图像与原始图像截然不同，但色调仍类似，可以选择此选项。

如下左图为原图，下右图为笔者所绘制的蒙版，将提示词修改为 masterpiece,best quality,no human,A kettle in style of technology 后，分别选择 4 个选项得到效果如下页图所示。

　　上面展示的4排图像中，第一排使用的是"填充"，第二排使用的是"原版"，第三排使用的是"潜空间噪声"，第四排使用的是"空白潜空间"。

　　通过对比可以发现，如果要获得与原图相关性高的图像，应该选择"原版"选项。如果要获得创意性强的图像，则选择"潜空间噪声"选项。

重绘区域

重绘区域有两个选项，即"整张图片"和"仅蒙版区域"。

如果选择"整张图片"选项，SD将会重新绘制整张图像，包括蒙版区域和非蒙版区域。这样做的优点是，可以较好地保持图像的全局协调性，蒙版区域生成的新图像能够更好地与原图像进行融合。

如果只希望改变图像的局部，以达到精细控制的效果，则要选择"仅蒙版区域"选项。此时，SD只会对蒙版部分重新绘制，不会影响蒙版外的区域。 在这种状态下，只需输入重绘部分的提示词即可。

从应用效果来看，在大部分情况下，两者没有明显差异。下面展示了两组图像效果，第一组蒙版为6颗绿宝石的位置，笔者通过提示词将其修改为红宝石。第二组蒙版为头发，笔者通过提示词将其颜色修改为蓝色。右侧展示的小图为分别选择"整张图片"和"仅蒙版区域"所得的效果，可以看出，效果方面没有明显差异。

　　但生成的图像在 SD 生成图像的过程中，生成的图像显示还是有明显区别的。这在蒙版区域较小的情况下，尤其明显。

　　例如，下左图为笔者使用的蒙版，提示词为 masterpiece,best quality,sunglasses。当选择"仅蒙版区域"选项时，SD 界面右侧的显示框会在生成图像时显示面部局部特写，如下右图所示，而选择"整张图片"选项时，SD 始终显示完整的图像，如下右图所示。

仅蒙版区域下边缘预留像素

　　仅蒙版区域下边缘预留像素仅在"仅蒙版区域"被选中的情况下有效，其作用是控制 SD 在生成图像时，针对蒙版边缘向外延伸多少像素，其目的是为了使新生成的图像与原图像融合得更好。

　　由于在选择"整张图片"时，SD 会重新渲染生成整张图像，因此无须考虑蒙版覆盖的重绘图像是否能够与原图像更好地融合。

　　右上图为此数值为 0 时，渲染过程中 SD 显示的蒙版区域预览图；右下图为此数值为 80 时，渲染过程中 SD 显示的蒙版区域预览图。

　　对比两张图能明显看出右下图的图像区域更大，这是因为数值被设置为 80，所以 SD 在渲染生成图像时，需从蒙版边缘向外展。

重绘幅度

这是一个非常重要的参数，用于控制重绘图像时新生成的图像与原图像的相似度。

较低的数值使生成的图像看起来与输入图像相似，因此，如果只想对原图进行小的修改，要使用较低的值。

较高的数值可增加图像的变化，并减少参考图像对重绘生成的新图像的影响。

右下图为笔者使用的参考图像，通过反推得到以下关键词：sunset,cloud,sunset,horizon,mountain,ocean,scenery,sky,cloudy_sky,sun,water,sunrise,mountainous_horizon,twilight,beach,orange_sky,no_humans,river,gradient_sky,lake,shore,sunlight,evening,city_lights,landscape,waves,outdoors,city,reflection,red_sky,masterpiece,best quality,long exposure。

在此基础上，选择写实系底模，并分别将"重绘幅度"数值设置为从 0.1 至 1，可以得到下面展示的一组图像。

观察下面这组图像，可以看出来，当数值逐渐变大时，生成的新图像与原图关联度越来越低。

| Denoising: 0.1 | Denoising: 0.2 | Denoising: 0.3 |

| Denoising: 0.4 | Denoising: 0.5 | Denoising: 0.6 |

| Denoising: 0.7 | Denoising: 0.8 | Denoising: 0.9 |

涂鸦重绘功能详解

涂鸦重绘功能介绍

无论是参数，还是界面，涂鸦重绘与局部重绘功能非常相似，区别仅在于上传参考图像后，当创作者使用画笔在参考图像上绘制时，可以调整画笔的颜色，如下图所示。这一区别使涂鸦重绘具有了影响重绘区域颜色的功能。

涂鸦重绘使用方法

下面通过案例讲解涂鸦重绘功能的使用方法，在本案例中笔者将利用此功能为模特更换衣服样式。

（1）启动 SD 后，进入图生图界面，将准备好的素材图片上传到涂鸦重绘模块，如左下图所示。

（2）接下来对图片内容重绘，这里想把衣服换成蓝色的卫衣，所以单击 按钮，修改画笔颜色为蓝色。由于绘制区域比较大，单击 按钮，调整画笔大小。最后在图片中的衣服区域开始涂抹，如右下图所示。

（3）单击"DeepBooru反推"按钮，使用SD的提示词反推功能，从当前这张图片反推出正确的关键词，此时正向提示词文本输入框如图所示。

（4）由于反推得到的关于衣服描写的关键词与接下来涂鸦重绘的内容会发生冲突，所以笔者删除了coat和brown coat等描述衣服的词，增加了想要换成的卫衣的描述词hoodie。

（5）在"重绘尺寸"处单击 按钮以获得参考图的尺寸，调整生图尺寸与参考图一致，否则会出现比例不协调的情况。

（6）根据自己对"采样方法""重绘尺寸倍数""提示词引导系数""重绘幅度"的理解，设置这些参数，然后单击"生成"按钮，则可以得到如下右图所示穿着蓝色卫衣的女生图片。

上传重绘蒙版功能详解

上传重绘蒙版功能介绍

上传重绘蒙版功能实际上与局部重绘功能是一样的，区别仅在于，在上传重绘蒙版功能界面中，创作者可以手动上传一张蒙版图像，而不是使用画笔绘制蒙版区域，因此，创作者可以利用Photoshop等图像处理软件，获得非常精确的蒙版。

如果图像的主体不是特别复杂，在 Photoshop 中只需选择"选择"→"主体"命令，即可得到比较精准的主体图像。

然后将选择出来的图像，复制至一个新图层，用"编辑"→"填充"命令，将其填充为白色，并将原图像所在的图层填充为黑色。

按 Ctrl+E 组合键合并图层或者选择"图层"→"拼合图像"命令合并图层，最后将此图像导出成为一个新的 PNG 图像文件即可。

上传重绘蒙版功能的使用方法

下面通过案例讲解上传重绘蒙版功能的使用方法，在本案例中笔者将利用此功能为模特更换背景。

（1）准备一张需要更换人物背景的图片，将其上传到 Photoshop 中绘制蒙版图片，然后将其保存为一个 PNG 格式的图像文件。

（2）启动 SD 后，进入图生图界面，将准备好的素材图片上传到重绘蒙版模块的原图上传区域，将准备好的蒙版图片上传到重绘蒙版模块的蒙版上传区域，如下图所示。

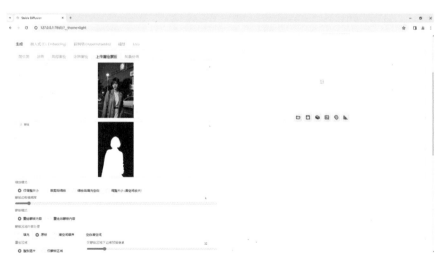

（3）这里需要注意，与前面介绍的局部重绘的不同，上传蒙版中的白色代表重绘区域，黑色代表保持不变的区域，所以这里将"蒙版模式"改为重绘非蒙版区域，也就是黑色的背景区域。

（4）单击"DeepBooru 反推"按钮，使用 SD 的提示词反推功能，从当前这张图片反推出正确的关键词，此时正向提示词文本输入框如下图所示。

（5）由于反推得到的关于背景描写的关键词与接下来重绘白天在公园的背景发生冲突，所以笔者删除了 night,lantern,building,road_sign 等与接下来描述不相关的词，增加了重绘的背景词 blue_sky,suneate,in the park,day,cloud，以及质量词 Best quality,masterpiece,extremely detailed,professional,8k raw。

（6）调整生图尺寸与参考图一致，否则会出现比例不协调的情况。在"重绘尺寸"处单击 按钮，以获得参考图的尺寸。

（7）根据自己对"采样方法""重绘尺寸倍数""提示词引导系数""重绘幅度"的理解，设置这些参数，然后单击"生成"按钮，则可以得到如下右图所示女孩白天在公园的图片。

第 6 章

利用 ControlNet
精准控制图像

认识 ControlNet

ControlNet 是一款专为 AI 图像生成设计的插件，其核心在于采用 Conditional Generative Adversarial Networks（条件生成对抗网络）技术为用户提供更为精细的图像生成控制，这意味着用户能够更加精准地调整和控制生成的图像，以达到理想的视觉效果。

在 ControlNet 出现之前，创作者在使用 AI 生成图像时，无法预知生成的图像内容。而随着 ControlNet 的出现，创作者得以通过其精准的控制功能，规范生成的图像的细节，如控制人物姿态、控制图片细节等。

因此，可以说 ControlNet 的出现，使 SD 成为 AI 图像生成领域唯二选择之一，为图像生成带来了更多的可控性、精确度，使 AI 图像具有了更广泛的商业应用前景。

安装方法

一般来说，如果使用的是秋叶整合包，ControlNet 的插件和模型应该已经内置安装好了，但如果采用的是手动安装，可以参考以下具体安装方法。

想正确使用 ControlNet 需要分别安装 ControlNet 插件和 ControlNet 模型，下面逐一介绍。

安装插件

首先是最简单的自动下载安装。WebUI 的扩展选项界面已经集成了市面上大多数插件的安装超链接，单击"扩展"选项卡，在扩展选项界面单击"可下载"选项卡，在"可下载"界面单击"加载扩展列表"按钮，在搜索框中输入插件名称"sd-webui-controlnet"即可找到对应插件，最后单击右侧"安装"按钮即可完成安装，如下图所示。

第二种方法是从 GitHub 网站进行安装。单击"扩展"选项卡，在"扩展"选项卡中页面单击"从网址安装"选项卡，在"扩展的 git 仓库网址"文本输入框中输入 ControlNet 的插件包地址 https://github.com/Mikubill/sd-webui-controlnet，单击"安装"按钮，即可自动下载和安装 ControlNet 插件，如下图所示。

当插件安装完成后，可以在"扩展"选项卡中的"已安装"界面查看和控制插件是否启用，必须选中相应插件复选框才会启用该插件，每次修改后都要单击"应用"按钮，并重新加载WebUI 界面才会生效，如下图所示。

重新加载 WebUI 界面后，在文生图及图生图页面底部就可以找到 ControlNet 插件选项了，如下图所示。

安装模型

插件安装完成后，接下来还需要安装用于控制绘图的 ControlNet 模型。ControlNet 提供了多种不同的控图模型，完整模型大小在 1.4GB 左右，半精度模型大小在 700MB 左右，如下图所示。

官方 ControlNet 模型地址：https://huggingface.co/lllyasviel/ControlNet-v1-1/tree/main。

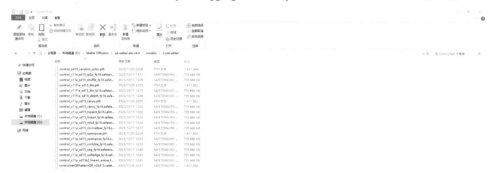

下载完模型后，将模型放在 sd-webui-aki-v4.4\models\ControlNet 文件夹中，这样和大模型、LoRA 模型等其他模型文件放在一起，更方便后期进行管理和维护。

在将 ControlNet 升级至 V1.1 版本后，为了提升使用的便利性和管理的规范性，作者对所有的标准 ControlNet 模型按照标准模型命名规则进行了重命名。下面这张图详细讲解了模型名称包含的当前模型的版本、类型等信息。

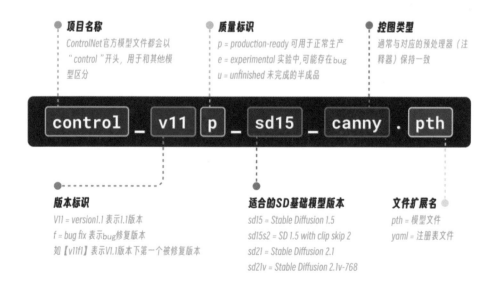

使用方法简介

下面通过实操一个小案例，了解如何使用 ControlNet ，关于不同控图类型的差异会在后面进行详细讲解。

基础操作和平时使用文生图功能一样，先选择合适的大模型，然后填写提示词并设置参数，如下图所示。

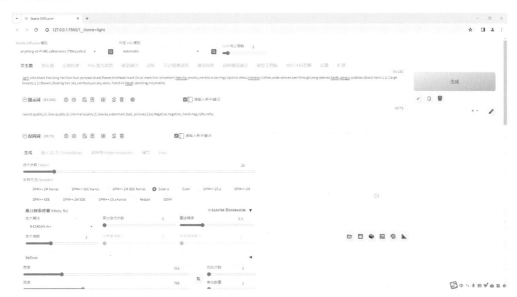

打开 ControlNet 的插件选项卡，上传一张准备好的图片到画布中，会自动勾选"启用"复选框，再选中开启"完美像素模式"和"允许预览"复选框，如下图所示。

在"控制类型"选项区域中选择想要的控制方向，这里选择"Canny（硬边缘）"类型，"预处理器"和"模型"下拉列表总中的选项会自动切换到 Canny 类型，单击 ¤ 按钮，会生成一张经过提取的注释图，该图用于辅助我们观察原图信息的提取效果。

除了直接提取参考图的信息，也可以直接上传通过其他渠道获取的预处理图像到 ControlNet 中，同样可以识别模型并应用到绘图过程中。记住，此时不要选择"预处理器"下拉列表中的任何选项，直接留空。

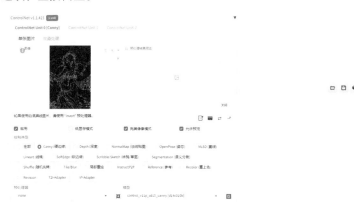

完成上述操作后，单击"文生图"页面的"生成"按钮，即可看到我们的绘图结果，从中可以看出参考图的特征被完美地复刻到新图像中了，如下右图为原图，中间与下右图是生成的新图片。

ControlNet 关键参数解析

启用

只有勾选"启用"复选框后，在单击"生成"按钮进行绘图时，ControlNet 模型的控图效果才能生效，一般上传图像后 ControlNet 会自动勾选此复选框。如果绘图时没有生效，可能是因为之前取消勾选此复选框后忘记重新勾选了。

低显存模式

低显存模式是为显卡内存不到 8GB 或更小的用户定制的功能，开启后虽然整体绘图速度会变慢，但显卡支持的绘图上限将得到提升。如果显卡内存只有 4GB 或更小，建议勾选此复选框。

完美像素模式和预处理器分辨率

要理解完美像素模式，必须首先理解 Preprocessor Resolution （预处理器分辨率），该选项用于修改预处理器输出预览图的分辨率，当预处理检测图和最终图像尺寸不一致时会导致绘制图像受损，生成的图像效果会很差。

如果每次都通过手动设置预处理器分辨率会使操作非常复杂，而"完美像素模式"就是用来解决此问题的，当勾选"完美像素模式"复选框后，"预处理器分辨率"选项会消失，此时预处理器就会自动适配最佳分辨率，实现最佳的控图效果。

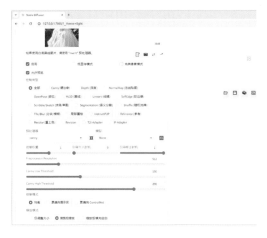 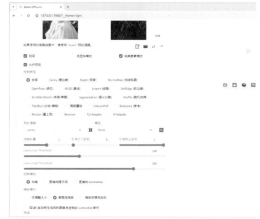

所以当使用 ControlNet 插件时，直接勾选"完美像素模式"复选框即可。

预览窗口

"允许预览"同样是必选的功能项，只有勾选此复选框，才能开启预览窗口看到预处理器执行后的预览图。

控制类型

"控制类型"选项区域包括不同的 ControlNet 模型，如下页上图所示，具体控制类型会在后面详细介绍。

虽然这些控制类型看上去不少，但实际上对绝大多数创作者来说，常用的仅仅是一小部分，因此学习的难度并算太大。

控制权重

"控制权重"用于设置ControlNet在绘图过程中的控制幅度，数值越大，则ControlNet对生成图像的控图效果越明显。换言之，SD自由发挥的空间越小。如下左图是原图，如下右图是权重从0到1.6的生成图，可以看出来当权重上升时，生成的新图与参考图相似度不断升高。

"引导介入时机"和"引导终止时机"

"引导介入时机"和"引导终止时机"用于设置ControlNet在整个迭代步数中作用的开始步数和结束步数。例如，如果整个迭代步数为30步，设置ControlNet的控图"引导介入时机"为0.1、"引导终止时机"为0.9，则表示ControlNet的控图引导从第3步开始，到27步结束。

如果要利用ControlNet严格控制形状，可以将"引导介入时机"设置为0、"引导终止时机"设置为1，否则可以设置一个其他数值，以便SD有自由发挥的空间。下面通过一组图展示了不同引导介入时机与引导终止时机的关系，可以看出来针对此例，"引导介入时机"为0.1，"引导终止时机"为0.7的效果较好。

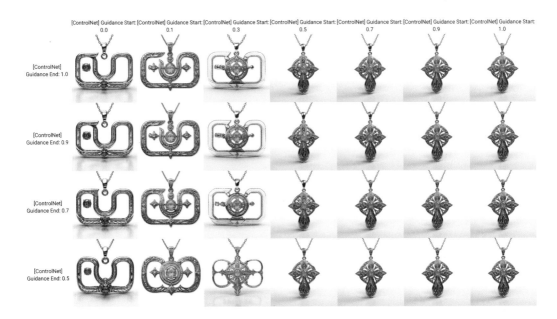

控制模式

　　"控制模式"中的各个选项用于切换 ControlNet 和提示词对绘图结果的影响程度，默认使用 "平衡"。如果选择 "更偏向提示词"单选按钮，则 ControlNet 的控图效果会变弱，而选择"更偏向 ControlNet"单选按钮，则 ControlNet 的控图效果会变强。

　　如下左图是原图，如下右图从左到右分别是选择"平衡""更偏向提示词""更偏向 ControlNet"生成的图像。

缩放模式

"缩放模式"中的选项用于切换当图像尺寸不一致时的处理，和图生图中的图像处理模式功能相同，当参考图和生成图比例不一致时，提供了"仅调整大小""裁剪后缩放""缩放后填充空白"3种处理方式。

如下左图是原图，如下右图从左到右分别是选择"仅调整大小""裁剪后缩放""缩放后填充空白"3种模式生成的图像。

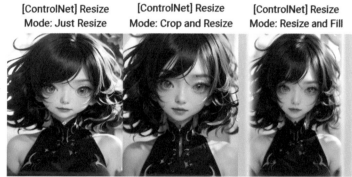

总的来说，"仅调整大小"是将新图像按非等比方式压缩，"裁剪后缩放"是将新图片按指定的尺寸裁剪，因此会导致图像景别发生变化，"缩放后填充空白"是先把图片内容拉伸然后再填充空白的部分。

回送和预设

开启"回送"功能后，SD会自动将生成的图片回传到ControlNet中，用于迭代更新，一般没有特殊要求不会开启。"预设"就是将设置好的ControlNet参数保存为预设，下次使用时选择预设项，即可自动设置好相关参数。

ControlNet 控制类型详解

Canny（硬边缘）

Canny（硬边缘）模型的使用范围很广，被开发者誉为最重要的 ControlNet 之一，该模型源自图像处理领域的边缘检测算法，可很好地识别出图像的边缘轮廓，并利用此信息控制新图像。

控制类型

○ 全部　◉ Canny (硬边缘)　○ Depth (深度)　○ NormalMap (法线贴图)　○ OpenPose (姿态)　○ MLSD (直线)

○ Lineart (线稿)　○ SoftEdge (软边缘)　○ Scribble/Sketch (涂鸦/草图)　○ Segmentation (语义分割)

○ Shuffle (随机洗牌)　○ Tile/Blur　○ 局部重绘　○ InstructP2P　○ Reference (参考)　○ Recolor (重上色)

无
√ canny (硬边缘检测)
invert (对白色背景黑色线条图像反相处理)　　　　　　　　　　模型

| canny　　　　　　　　　　▾ | ✖ | control_v11p_sd15_canny [d14c016b]　　▾ | 🔄 |

例如，可以用 Canny 提取出画面中元素边缘的线稿，再通过配合不同的模型，精准还原画面中的内容布局进行绘图。下面展示的是通过 Canny 将真人图片的线稿提取出来，再利用二次元模型实现真人转动漫的效果。

在选择预处理器时，除了"canny（硬边缘检测）"选项，还有"invert（对白色背景黑色线条图像反相处理）"预处理器选项，后者功能不是提取图像的边缘特征，而是将线稿的颜色进行反转。

利用 Canny 等线稿类的模型处理图像时，SD 将白色线条识别为控制线条。

但有时创作者使用的线稿可能是白底黑线，此时就需要将两者进行颜色转换，如使用 Photoshop 等软件进行转换处理，然后将转换后的图像保存导出为新的图像文件，重新上传到 SD 中，可以想见此步骤非常烦琐。

而 ControlNet 中的 invert 预处理器则省略了这一烦琐的步骤，可以轻松实现将白底黑线手绘线稿转换成 SD 可正确使用的白线黑底预处理线稿图，如下图所示。

invert 预处理器并不是 Canny 控制类型独有的，它可以配合大部分线稿模型使用。在最新版的 ControlNet 中，当选择 MLSD （直线）、Lineart （线稿）等控制类型时，在预处理器中都能看到 invert 选项，因为用法是一样的，下文就不再详细介绍了。

当选择 canny（硬边缘检测）时，在"控制权重"下方会多出 Canny Low Threshold （低阈值）和 Canny High Threshold （高阈值）两个参数，如下页上图所示。

阈值参数控制的是图像边缘线条被识别的区间范围，以控制预处理时提取线稿的复杂程度，两者的数值范围都限制在 1 ~ 255 范围内。简单来说，数值越低，预处理生成的图像线条越复杂；数值越高，图像线条越简单。

从算法来看，一般的边缘检测算法用一个阈值来滤除噪声或颜色变化引起的小的灰度梯度值，而保留大的灰度梯度值。Canny算法应用双阈值，即一个高阈值和一个低阈值来区分边缘像素。

如果边缘像素点色值大于高阈值，则被认为强边缘像素点被保留。

如果小于高阈值，大于低阈值，则标记为弱边缘像素点。

如果小于低阈值，则被认为是非边缘像素点，SD 会消除这些点。

对于弱边缘像素点，如果彼此相连接，则同样会被保存下来。

所以，如果将这两个数值均设置为 1，可以得到图像中所有边缘的像素点；而如果将这两个数值均设置为 255，则可以得到图像中最主要、最明显的轮廓线条。

创作者要做的是根据自己需要的效果，动态调整这两个数值，以得到最合适的线稿。

因为不同复杂程度的预处理线稿图会对绘图结果产生不同的影响，复杂度过高会导致绘图结果中出现分割零碎的斑块，但如果复杂度太低又会造成 ControlNet 控图效果不够准确，因此需要调节阈值参数来达到比较合适的线稿控制范围。下图所示为复杂度由低到高生成的图像。

MLSD（直线）

"MLSD（直线）"控制类型可提取画面中的直线边缘，界面如下图所示。

下面展示的是参考图像，以及使用"mlsd（M-LSD 直线线条检测）"预处理后的效果，可以看出来 SD 只会保留画面中的直线轮廓，而忽略曲线特征。

所以"MLSD（直线）"多用于提取物体的线性几何边界，最典型的就是几何建筑、室内设计和路桥设计等领域，如下图所示。

MLSD 预处理器同样也有自己的定制参数，分别是 MLSD Value Threshold （强度阈值）和 MLSD Distance Threshold（长度阈值），数值范围分别为 0~2 和 0~20。

MLSD Value Threshold（强度阈值）用于筛选线稿的直线强度，简单来说就是过滤掉其他没那么直的线条，只保留最直的线条。通过下面的图我们可以看到随着 Value（阈值）的增大，被过滤掉的线条也越多，最终图像中的线稿逐渐减少。

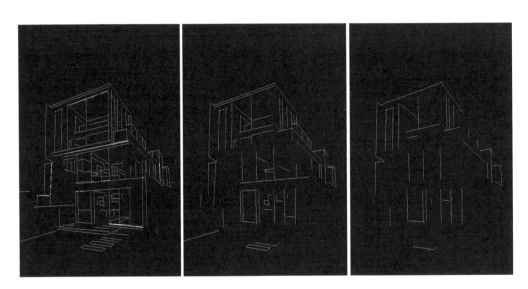

MLSD Distance Threshold（长度阈值）则用于筛选线条的长度，即过短的直线会被筛选掉。在画面中，有些被识别到的短直线不仅对内容布局和分析没有太大帮助，还可能对最终画面造成干扰，通过长度阈值可以有效地过滤掉它们。在下图中可以看到，在极值的情况下，会有少部分线条被过滤掉。

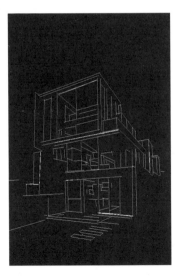
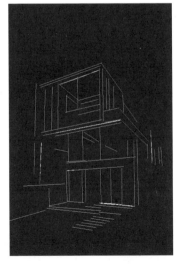

"MLSD（直线）"不局限在建筑物的外形，利用它控制室内设计出图也有不错的效果。比如，新房的毛坯图配合提示词和室内设计风格模型来生成图像，让毛坯秒变精装，不用学专业软件，在家就能设计新房子，下面介绍基本流程。

（1）准备一张房子的毛坯图，上传到 ControlNet 插件中，选择"控制类型"为"MLSD（直线）"，调整"引导介入时机"和"引导终止时机"。这一步是为了将家具添加到图中。调整 MLSD Value Threshold"强度阈值"，过滤掉没用的线条，其他参数保持默认不变，最后单击 ¤ 按钮，生成预览结果，如下图所示。

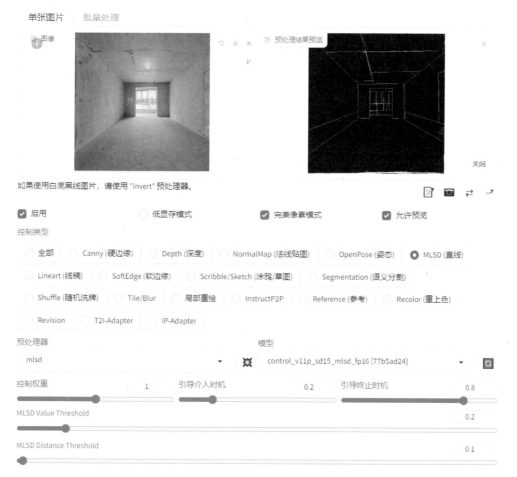

（2）选择一个室内设计风格的模型，这里选择的是"室内现代风格大模型（精）_2.0.safetensors"，再在提示词文本框中输入室内想要出现的东西，这里输入的提示词为 floor,high resolution,modern style,(window:1.3),tv cabinet,(couch:1.5),ceiling lamp,(big tv:1.3),A set of sofas,A coffee table。提示词根据个人喜好添加即可，参数设置根据实际操作调整即可，如下页上图所示。

（3）单击"生成"按钮，毛坯房就变成了精装房，如下图所示。如果对风格不满意，或者想要调整家具位置，在提示词中修改即可。

Lineart（线稿）

"Lineart（线稿）"同样也是对图像边缘线稿的提取，但它的使用场景会更加细化，包括Realistic（真实系）和 Anime（动漫系）两个方向。

在 ControlNet 插件中，将 lineart 和 lineart_anime 两种控图模型都放在"Lineart（线稿）"控制类型下，它们分别用于写实类和动漫类图像边缘的提取，配套的预处理器也有 5 个之多，其中带有 anime 字段的预处理器用于动漫类图像特征的提取，其他的则是用于写实图像。

和 Canny 控制类型不同的是，Canny 提取后的线稿类似于计算机绘制的硬直线，粗细统一都是 1 像素，而 Lineart 提取的则是有的明显笔触痕迹的线稿，更像是现实的手绘稿，可以明显观察到不同边缘下的粗细过渡。如下面中间的预览图为 Canny 生成的，下右图为 Lineart 生成的。

虽然 Lineart 划分成了两种风格类型，但并不意味着它们不能混用，实际操作时可以根据效果需求，自由选择不同的绘图类型处理器和模型。

下面为大家展示了不同预处理器对写实类照片的处理效果，可以发现后面 3 种针对真实系图片使用的预处理器 coarse、realistic、standard 提取的线稿更为还原，在检测时会保留较多的边缘细节，因此控图效果会更加显著，而 anime、anime_denoise 前面这两种动漫类对写实类照片的提取效果并不好，所以具体效果在不同场景下各有优劣，具体使用哪一种要根据实际情况和尝试决定。

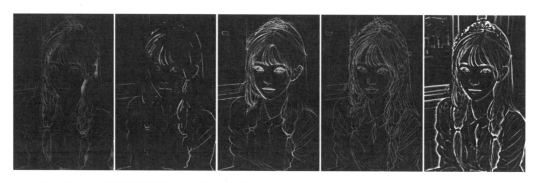

为方便对比模型的控图效果，分别使用 lineart 和 lineart_anime 模型进行绘制，可以发现 lineart_anime 模型在参与绘制时会有更加明显的轮廓线，这种处理方式在二次元动漫中非常常见，传统手绘中的描边可以有效增强画面内容的边界感，对色彩完成度的要求不高，因此轮廓描边可以替代很多需要色彩来表现的内容，并逐渐演变为动漫的特定风格。

可以看出，与 lineart 相比 lineart_anime 确实更适合在绘制动漫系图像时使用，下方中间的图为 lineart 模型生成的图像，下右图为 lineart_anime 模型生成的图像。

SoftEdge（软边缘）

SoftEdge 是一种比较特殊的边缘线稿提取模型，其界面如下图所示。

它的特点是可以获得有模糊效果的边缘线条，因此生成的画面看起来会更加柔和，且过渡非常自然。

如下左图为原图，中间的图像为使用此模型得到的线条预处理图像，下右图为使用此预处理图像得到的二次元风格图像。

SoftEdge 提供了 4 种不同的预处理器，分别是 HED、HEDSafe、PiDiNet 和 PiDiNetSafe。在官方介绍的性能对比中，模型稳定性排名为 PiDiNetSafe > HEDSafe > PiDiNet >HED，而最高结果质量排名 HED > PiDiNet > HEDSafe > PiDiNetSafe。

综合考虑各因素，可以将 PiDiNet 设置为默认预处理器，以保证在大多数情况下都能表现良好。下面通过一组图对 4 种预处理器的实际检测图进行对比，从左到右分别是 HED、HEDSafe、PiDiNet、PiDiNetSafe 处理器生成的线条图。

　　下图展示的是分别使用了不同处理器得到线条图像后，再用线条图像生成二次元图像的效果，从左到右分别是 HED、HEDSafe、PiDiNet、PiDiNetSafe 处理器生成的图像，如果只做绘图效果对比，不做细节对比，从整体上看这 4 张图像没有太大差异，正常情况下使用默认的 PiDiNet 即可。

Scribble/Sketch（涂鸦 / 草图）

Scribble /Sketch（涂鸦 / 草图），也是一种边缘线稿提取模型，其界面如下图所示。

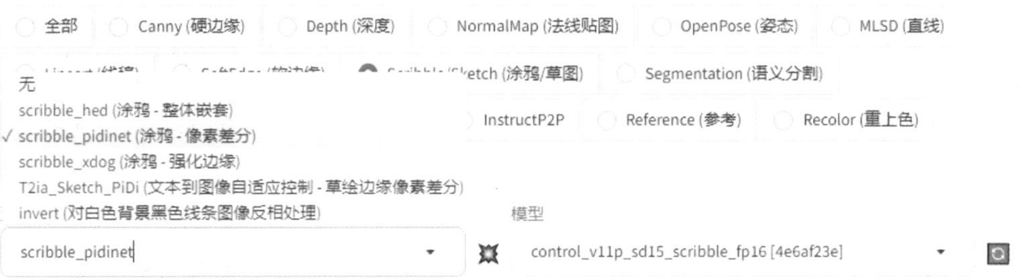
全部
Canny (硬边缘)
Depth (深度)
NormalMap (法线贴图)
OpenPose (姿态)
MLSD (直线)
Segmentation (语义分割)
InstructP2P
Reference (参考)
Recolor (重上色)
无
scribble_hed (涂鸦 - 整体嵌套)
✓ scribble_pidinet (涂鸦 - 像素差分)
scribble_xdog (涂鸦 - 强化边缘)
T2ia_Sketch_PiDi (文本到图像自适应控制 - 草绘边缘像素差分)
invert (对白色背景黑色线条图像反相处理)
模型
scribble_pidinet
control_v11p_sd15_scribble_fp16 [4e6af23e]

与前面学过的各种线稿提取模型不同，涂鸦 / 草图模型是一款手绘效果的控图类型，检测生成的预处理图更像是蜡笔涂鸦的线稿，由于线条较粗、精确度较低，因此适合生成不需要精确控制细节，只需大致轮廓与参考原图差不多，在细节上需要 SD 自由发挥的场景。

例如，针对下左图所示的参考原图，使用此模型生成的线稿预处理图像如中间的图像所示，而下右图则为使用此线稿得到的二次元风格图像，可以看出来，整体外形类似，但细节上与原图有明显区别。

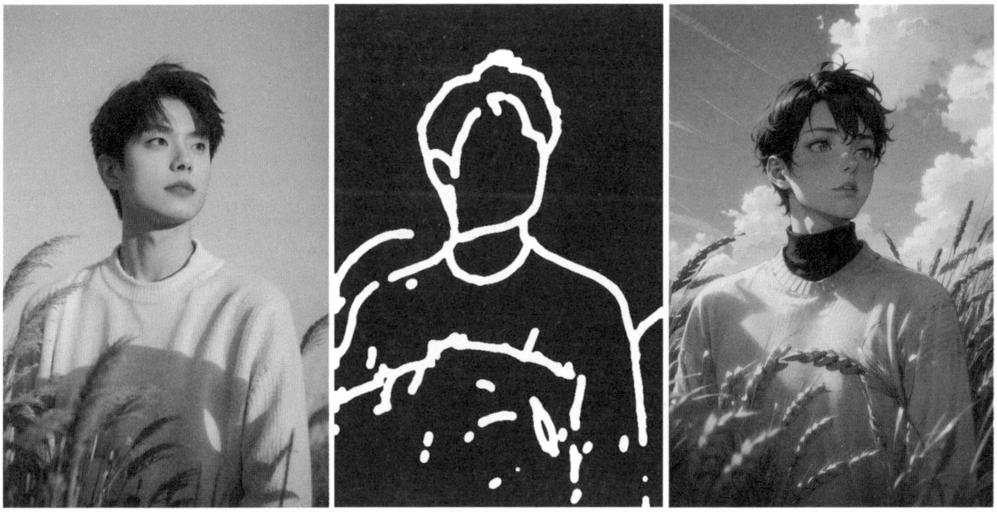

Scribble /Sketch 中也提供了 4 种不同的预处理器供选择，分别是 HED、PiDiNet、XDog 和 T2ia_Sketch_PiDi。

通过下面展示的一组图我们可以看到不同 Scribble 预处理器的图像效果，由于 HED、PiDiNet 和 T2ia_Sketch_PiDi 是神经网络算法，而 XDog 是经典算法，因此前面 3 个处理器检测得到的轮廓线更粗，更符合涂鸦手绘的效果。

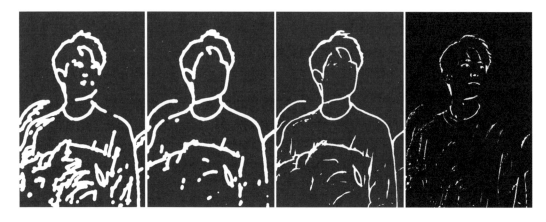

选择不同预处理器的实际出图效果如下图所示，可以发现这几种预处理器基本都能保持较好的线稿控制。

Segmentation（语义分割）

Segmentation 的完整名称是 Semantic Segmentation，很多时候简称为 Seg，其工作界面如下图所示。

此模型的作用是检测内容轮廓的同时，将画面划分为不同的区块，并对区块赋予语义标注，从而实现更加精准的控图效果。

如下左图为原图，中间的图像为使用此模型生成的语义分割图，下右图为使用此语义分割图生成的二次元风格图像。

这个模型的工作原理是：当 Seg 预处理器检测图像后，会生成包含不同颜色的蒙版图，图中不同的颜色对应原图中不同的对象，比如，人物被标注为红色、屋檐被标注为绿色、指示牌被标注为粉红色、路灯被标注为蓝色等，在生成图像时，SD 会在对应色块范围内生成特定的对象，从而实现更加准确的内容还原。

其工作原理类似于创作者同时叠加使用了多个精确蒙版，利用不同的蒙版控制新生成的图像中每种对象生成的位置与形状。

下面是一个具体的语义分割颜色与对象对应关系图表，当创作者找到标准的颜色对应关系图表后，可以在其他图像处理软件中，依靠手动修改语义分割图中的色块位置、大小、形状的方式，来控制新生成图像的内容。

Color_Code (R,G,B)	Color_Code(hex)	Color	Name
(120, 120, 120)	#787878		牆
(180, 120, 120)	#B47878		建築;大廈
(6, 230, 230)	#06E6E6		天空
(80, 50, 50)	#503232		地板;地板
(4, 200, 3)	#04C803		樹
(120, 120, 80)	#787850		天花板
(140, 140, 140)	#8C8C8C		道路;路線
(204, 5, 255)	#CC05FF		床
(230, 230, 230)	#E6E6E6		窗户
(4, 250, 7)	#04FA07		草
(224, 5, 255)	#E005FF		柜子
(235, 255, 7)	#EBFF07		人行道;人行道
(150, 5, 61)	#96053D		人

Seg 也提供了 3 种预处理器供用户选择：OneFormer ADE20k、 OneFormer COCO 和 UniFormer ADE20k。

ADE20k 和 COCO 代表模型训练时使用的两种图片数据库，而 OneFormer 和 UniFormer 表示的是算法，各处理器依次生成的预览图如下图所示。

其中，UniFormer 是旧算法，但由于实际表现还不错，依旧被作者作为备选项保留下来。新算法 OneFormer 经过作者团队的训练可以很好地适配各种生产环境，元素间的依赖关系被很好地优化，平时建议使用默认的 OneFormer ADE20k。

使用各预处理器生成的图像如下图所示，可以看出来实际区别并不十分明显。

Depth（深度）

Depth（深度）是一种很常用的控制模型，用于依据参考图像生成深度图，其工作界面如下图所示。

控制类型

○ 全部　　○ Canny（硬边缘）　● Depth（深度）　○ NormalMap（法线贴图）　○ OpenPose（姿态）　○ MLSD（直线）

○ Lineart（线稿）　○ SoftEdge（软边缘）　○ Scribble/Sketch（涂鸦/草图）　○ Segmentation（语义分割）

无
depth_leres（LeReS 深度图估算）
depth_leres++（LeReS 深度图估算++）　　　　　　　　InstructP2P　　○ Reference（参考）　○ Recolor（重上色）
√ depth_midas（MiDaS 深度图估算）
depth_zoe（ZoE 深度图估算）　　　　　　　模型

| depth_midas | ▼ | ✹ | control_v11f1p_sd15_depth_fp16 [4b72d323] | ▼ | ⟳ |

控制权重　　　　　　　　　1　　引导介入时机　　　　　　0　　引导终止时机　　　　　　1

深度图又称距离影像，可以直接体现画面中物体的三维深度关系。在深度图中，只有黑白两种颜色，距离镜头越近，则颜色越浅（白色），距离镜头越远，则颜色越深（黑色）。

注意：并不是参考图像中越亮越白的部分才距离镜头越近，这一点与创作者的直观印象是有区别的。

Depth（深度）模型提取原图像中各元素的三维深度关系后，生成深度图。此时，创作者就可以依据深度图来控制新生成的图像，使其三维空间关系与参考图像相仿。

如下左图为参考图像，中间的图像为深度图，下右图为依据此深度图生成的新图像，可以看到深度图很好地还原了室内的空间景深关系。

Depth（深度）的预处理器有 4 种：LeReS、LeReS++、MiDaS 和 ZoE。对比来看，LeReS和 LeReS++ 的深度图提取的细节层次比较丰富，但 LeReS++ 的效果更好，更胜一筹。

　　而 MiDaS 和 ZoE 更适合处理复杂场景。其中，ZoE 的参数是最多的，所以处理速度比较慢，实际效果更倾向于强化前后景深对比。下图可以看到这 4 种预处理器的检测效果。

　　根据预处理器算法的不同，Depth（深度）在最终成像上也有差异，实际使用时可以根据预处理的深度图来判断哪种深度关系呈现更加合适。

　　Depth（深度）不只能用于原场景中景深关系的图像，还能在产品的形状设计、艺术字体设计等操作中发挥重要作用。这里以珠宝项链外形设计为例进行讲解。

　　（1）准备一张项链外形的素材图上传到 ControlNet 插件中，选择"控制类型"为"Depth（深度）"、"预处理器"为 none、"模型"为 control_v11f1p_sd15_depth_fp16，这里只想用 Depth 的模型把项链的外形选出来，调整"控制权重""引导介入时机""引导终止时机"，这里让 AI 有自我发挥的空间，在原来的外形上有一些小的改变，其他参数保持默认，最后

单击 ¤ 按钮，生成预览结果，如下图所示。

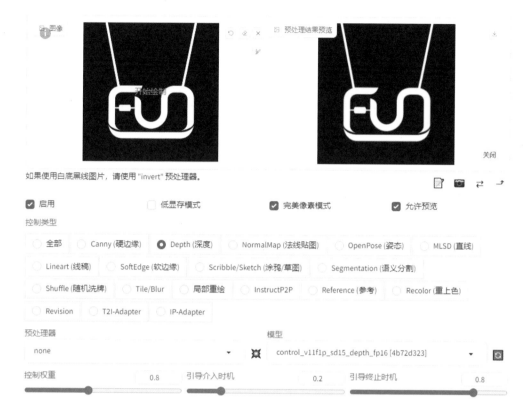

（2）选择一个真实感的大模型，这里选择的是 majicmixRealistic_v7.safetensors，添加一个珠宝类型的 LoRA，这里选择的是 lora:hjyzb-000013，再在提示词文本框中输入对项链的描述，这里输入提示词（jewelry Diamond),UHD,8K,best quality,4K,UHD,masterpiece,aiguillette,shining jade,gold,simple background,Emerald gemstones,shining body,(ruby),Cartier style,Luxury,<lora:hjyzb-000013:1>,red gemstone,gold,pendant with long chain,white background,(sliver:1.3),ruby,lotus,minimalist,(The shape of a Chinese dragon:1.1),Luxury,round clock。提示词根据个人喜好添加即可，参数设置根据实际操作调整即可，如下图所示。

（3）单击"生成"按钮，就生成了一款和素材图外形一样的项链图片，如下图所示。如果想更换产品或者更换风格，只需更换上传的素材图和 LoRA 模型即可，提示词根据情况修改即可。

NormalMap（法线贴图）

NormalMap（法线贴图）的工作界面如下图所示。

要理解 NormalMap 的工作原理，需要先了解法线的概念。

法线是垂直于平面的一条向量线条，因此储存了该平面方向和角度等信息。通过在物体凹凸表面的每个点上绘制法线，再将其储存到 RGB 的颜色通道中，其中 R（红色）、G（绿色）、B（蓝色）分别对应了三维场景中 XYZ 空间坐标系，这样就能实现通过颜色来反映物体表面的光影效果，由此得到的纹理图我们将其称为法线贴图。

法线贴图可以实现在不改变物体真实结构的基础上，反映物体光影分布的效果，因此被广泛应用在 CG 动画渲染和游戏制作等领域。

ControlNet 中的 NormalMap 模型就是根据画面中的光影信息，模拟出物体表面的凹凸细节，实现准确还原画面内容布局的，因此 NormalMap 多用于体现物体表面更加真实的光影细节。下页上图案例中可以看到使用 NormalMap 模型绘图后，画面的光影效果有了显著提升。

NormalMap 有 Bae 和 MiDaS 两种预处理器，MiDaS 是早期 v1.0 版本使用的预处理器，后面不会再更新了，平时使用默认的新的 Bae 预处理器即可，下中图和右图是两种预处理器的提取结果。

当选择 MiDaS 预处理器时，下方会多出 Normal Background Threshold（背景阈值）的参数，取值范围为 0 ~ 1。通过设置背景阈值参数可以过滤掉画面中距离镜头较远的元素，让画面着重体现关键主题。通过下图可以看出，随着背景阈值数值增大，前景的细节体现保持不变，但背景内容逐渐被过滤掉。

OpenPose（姿态）

OpenPose（姿态）是重要的控制人像姿势模型，其工作界面如下图所示。

OpenPose 可以检测到人体结构的关键点，比如头部、肩膀、手肘、膝盖等位置，而将人物的服饰、发型、背景等细节元素忽略掉。如下左图为原图，中间为使用此模型生成的骨骼图，右侧为依据此骨骼图生成的新图。

在 OpenPose 中内置了 openpose、face、faceonly、full、hand 这 5 种预处理器，它们分别用于检测五官、四肢、手部等人体结构。

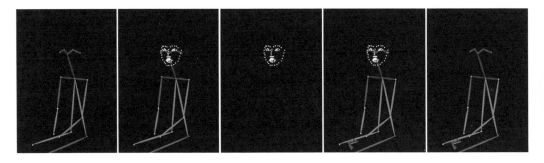

openpose是最基础的预处理器，可以检测到人体大部分关键点，并通过不同颜色的线条连接起来。

face在openpose的基础上强化了对人脸的识别，除了基础的面部朝向，还能识别眼睛、鼻子、嘴巴等五官和脸部轮廓，因此face在人物表情上可以实现很好的还原。

faceonly只处理面部的轮廓点信息，适合只刻画脸部细节的场景。

hand在openpose的基础上增加了手部结构的刻画，可以很好地解决常见的手部变形问题。

full是将以上所有预处理功能集合在了一起，将人物的所有细节都刻画出来，可以说是功能最全面的预处理器。平时使用时建议直接选择包含全部关键点检测的full预处理器。

当上传图像并使用预处理器获得骨骼图后，可以单击预览图右下角的"编辑"按钮，在如下左图所示的姿势编辑界面，改变骨骼图，并单击"发送姿势到ControlNet"按钮，按新的摆姿生成新图像，如下右图所示。

Inpaint（局部重绘）

Inpaint（局部重绘）模型类似于笔者在图生图章节讲解过的局部重绘功能，其工作界面如下图所示。

在 ControlNet 中，局部重绘相当于更换了原生图生图的算法，在使用时还受重绘幅度等参数的影响。在下图所示的案例中，即使重绘幅度较低，依然可以实现不错的真实系头像转二次元效果，且对原图中的人物发型、发色都能比较准确地还原。

局部重绘提供了 3 种预处理器，Global_Harmonious（重绘 - 全局融合算法）、only（仅局部重绘）和 only+lama（仅局部重绘 + 大型蒙版），通过整体来看，出图效果差异不大，但在环境融合效果上，Global_Harmonious 的处理效果最佳，only 次之，only+lama 最差。

Tile（分块）

Tile（分块）模型的作用是对图像进行分区处理，工作界面如下图所示。

控制类型

○ 全部　　○ Canny (硬边缘)　　○ Depth (深度)　　○ NormalMap (法线贴图)　　○ OpenPose (姿态)　　○ MLSD (直线)

○ Lineart (线稿)　　○ SoftEdge (软边缘)　　○ Scribble/Sketch (涂鸦/草图)　　○ Segmentation (语义分割)

无　　　　　　　　　　　　　　　　　　　　　○ InstructP2P　　○ Reference (参考)　　○ Recolor (重上色)
blur_gaussian
tile_colorfix (分块 - 固定颜色)
tile_colorfix+sharp (分块 - 固定颜色 + 锐化)
√ tile_resample (分块 - 重采样)　　　　　　　　　　　模型

| tile_resample | ▾ | 🔀 | control_v11f1e_sd15_tile [a371b31b] | ▾ | 🔄 |

Tile 模型被广泛用于图像细节修复和高清放大，例如，如果在"图生图"界面提高重绘幅度可以明显提升画面细节。但较高的重绘幅度会使画面内容发生难以预料的变化。此时，可以使用 Tile 模型进行控图完美地解决这个问题。因为 Tile 模型的最大特点就是在优化图像细节的同时不会影响画面结构。从理论上来说，只要分得块足够多，配合 Tile 可以绘制任意尺寸的超大图。

下图是在除了分辨率其他参数不变的情况下，使用 Tile 模型分别将图像的分辨率提升至 256×384、512×768、1024×1536 的效果，可以明显看出来，随着图像分辨率提升，图像的细节也明显增加了。

Tile 模型提供了 3 种预处理器，即 colorfix、colorfix+sharp、resample，分别表示固定颜色、固定颜色 + 锐化、重新采样。

下面通过示例图展示 3 种预处理器的绘图效果，相比之下，默认的 resample 在绘制时会提供更多发挥空间，内容和原图差异会大。

[ControlNet]
Preprocessor:
tile_colorfix

[ControlNet]
Preprocessor:
tile_colorfix+sharp

[ControlNet]
Preprocessor:
tile_resample

如果上传的是一张有些模糊的图片，还可以使用此模型使图像在放大的同时，更清晰一些，如右侧展示的两张图中，左图为原图，右图为使用此模型放大后的效果图。

InstructP2P（指导图生图）

InstructP2P 的全称是 Instruct Pix2Pix （指导图生图），功能与图生图基本相同，工作界面如下图所示。

控制类型

○ 全部	○ Canny (硬边缘)	○ Depth (深度)	○ NormalMap (法线贴图)	○ OpenPose (姿态)	○ MLSD (直线)
○ Lineart (线稿)	○ SoftEdge (软边缘)	○ Scribble/Sketch (涂鸦/草图)	○ Segmentation (语义分割)		
○ Shuffle (随机洗牌)	○ Tile/Blur	○ 局部重绘	● InstructP2P	○ Reference (参考)	○ Recolor (重上色)
○ Revision	○ T2I-Adapter	○ IP-Adapter			

无
√ control_v11e_sd15_ip2p_fp16 [fabb3f7d]

预处理器

none ▾ ✖ control_v11e_sd15_ip2p_fp16 [fabb3f7d] ▾ 🔄

在使用此模型时，SD 会直接参考原图的信息特征进行重绘，因此并不需要单独的预处理器即可直接使用。

如下图所示，为方便对比，将重绘幅度降低，可以发现开启 InstructP2P 后的出图效果比单纯图生图能保留更多有用的细节。

[ControlNet] Enabled: [ControlNet] Enabled:
False True

InstructP2P 经常用于给图片加特效，比如让房子变成冬天、让房子着火。不过，这里需要输入的关键词比较特殊，需要在关键词里面输入：make it...（让它变成 ...），让大厦着火就输入：make it fire。

这里让一只小猫结冰，只需要在提示词文本框中输入 make it freeze，在 ControlNet 中上传小猫的图片，并设置"控制类型"为 InstructP2P，其他保持默认不变生成即可，如下图所示。

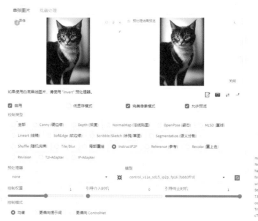

Shuffle（随机洗牌）

Shuffle（随机洗牌）是非常特殊的控制类型，它的功能相当于将参考图的所有信息特征随机打乱再进行重组，工作界面如下图所示。

控制类型

○ 全部　○ Canny (硬边缘)　○ Depth (深度)　○ NormalMap (法线贴图)　○ OpenPose (姿态)　○ MLSD (直线)

○ Lineart (线稿)　○ SoftEdge (软边缘)　○ Scribble/Sketch (涂鸦/草图)　○ Segmentation (语义分割)

◉ Shuffle (随机洗牌)　○ Tile/Blur　○ 局部重绘　○ InstructP2P　○ Reference (参考)　○ Recolor (重上色)

○ Revision　○ T2I-Adapter　○ IP-Adapter

无
√ shuffle (随机洗牌)

| shuffle ▼ | ✖ | 模型 control_v11e_sd15_shuffle_fp16 [04a71f87] ▼ | 🔲 |

使用此模型生成的图像在结构、内容等方面与原图都不同，但风格上与原图非常相似。使用时可以先将原图上传至"图生图"模块，通过反推得到提示词，再将提示词拷贝至文生图界面，开启 ControlNet 并上传原图，选择 Shuffle 模型后不断单击"生成"按钮即可，如下左图为原图，中间图像为预处理效果，下右图为使用此模型生成的同风格类型的图片。

不同于其他预处理器，Shuffle 在提取信息特征时完全随机，所以 Shuffle 的使用场景并不多，因为它的控图稳定性较差，但可以将其当作一种尝试效果处理器，生成各种不同参考图像，如右图展示的不同猫的图像。

Reference（参考）

Reference（参考）模型的功能很简单，就是参考原图生成一张新的图像，但在图像生成过程中仍会受到提示词的约束与引导，其工作界面如下图所示。

使用时可以先将原图上传至"图生图"模块，通过反推得到提示词，再将提示词拷贝至"文生图"界面，开启 ControlNet 并上传原图，选择 Reference 模型后不断单击"生成"按钮即可，下面展示的是使用此方法生成的组图。

Reference 有 3 个预处理器：adain、adain+attn、only。根据测试，adain+attn 使用的是目前最先进的算法，但有时效果过于强烈，因此依旧建议使用默认的 only 预处理。

选择 Reference 预处理器后，下方会出现 Style Fidelity（风格保真度）参数，该参数值越大则画面的稳定性越强，原图的风格保留痕迹会越明显。注意：只在"控制模式"为"平衡"时该参数有用。

Recolor（重上色）

Recolor（重上色）模型的作用是给图片填充颜色，工作界面如下图所示。

控制类型

○ 全部　　○ Canny (硬边缘)　　○ Depth (深度)　　○ NormalMap (法线贴图)　　○ OpenPose (姿态)　　○ MLSD (直线)

○ Lineart (线稿)　　○ SoftEdge (软边缘)　　○ Scribble/Sketch (涂鸦/草图)　　○ Segmentation (语义分割)

○ Shuffle (随机洗牌)　　○ Tile/Blur　　○ 局部重绘　　○ InstructP2P　　○ Reference (参考)　　● Recolor (重上色)

无
recolor_intensity (重上色 - 调节 "图像强度" 以去色)
√ recolor_luminance (重上色 - 调节 "图像亮度" 以去色)

| recolor_luminance ▾ | ❌ | 模型 None ▾ | ⬚ |

Recolor 提供了 intensity 和 luminance 两种预处理器，通常推荐使用 luminance，预处理的效果更好。

如下左图为原图，中间为使用 intensity 预处理器得到的图像，下右图为使用 luminance 预处理器得到的图像。

在选择 Recolor 预处理器后，下方会出现 Gamma Correction（伽马修正）参数，用于调整预处理时检测的图像亮度，通过下页上图可以看到数值分别为 0、0.5、1、1.5（逐渐增大），预处理后的图像也在逐渐变暗。

Recolor 经常用于给老照片上色，可以使老旧照片重新焕发光彩，操作步骤如下。

此模型非常适合修复一些黑白老旧照片，但 Recolor 无法保证颜色准确地出现特定位置上，可能会出现相互污染的情况，因此实际使用时还需配合提示词进行调整，下面讲解操作方法。

（1）准备一张老照片，上传到 ControlNet 插件中，设置"控制类型"为 Recolor，其他参数保持默认不变，最后单击 ¤ 按钮，生成预览结果，如下图所示。

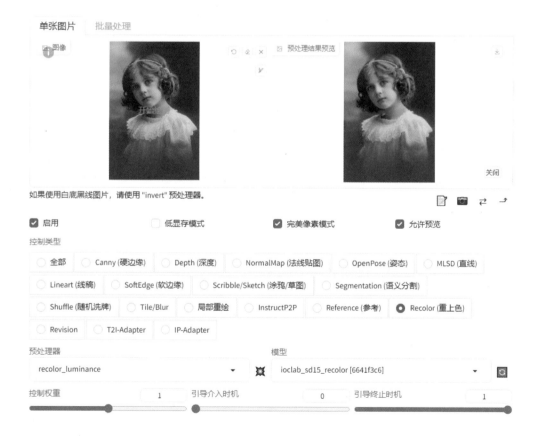

（2）选择一个真实感的模型，这里选择的是 majicmixRealistic_v7.safetensors，再在提示词文本框中输入对老照片的描述，头发、衣服的颜色等，这里输入的提示词为 1girl,solo,realistic,short hair,upper body,curly hair,looking at viewer,lips,closed mouth,pink_scrunchie,brown hair,white dress,blue eyes，提示词根据照片实际情况填写即可，参数设置根据实际操作调整即可，如下图所示。

（3）单击"生成"按钮，一张老照片就变成了一张彩色照片，如下图所示。

不仅是老照片，只要是黑白或单色的图片，都可以通过添加合理的提示词及模型，完成上色，如下图所示。

T2I-Adapter（文生图适配器）

T2I-Adapter（文生图适配器）是由腾讯发布的模型，作用是为各类文生图模型提供额外的控制引导，同时又不会影响原有模型的拓展和生成能力，其工作界面如下图所示。

控制类型

○ 全部   ○ Canny (硬边缘)   ○ Depth (深度)   ○ NormalMap (法线贴图)   ○ OpenPose (姿态)   ○ MLSD (直线)

○ Lineart (线稿)   ○ SoftEdge (软边缘)   ○ Scribble/Sketch (涂鸦/草图)   ○ Segmentation (语义分割)

○ Shuffle (随机洗牌)   ○ Tile/Blur   ○ 局部重绘   ○ InstructP2P   ○ Reference (参考)   ○ Recolor (重上色)

无
✓ T2ia_Color_Grid (文本到图像自适应控制 - 色彩像素化)
　 T2ia_Sketch_PiDi (文本到图像自适应控制 - 草绘边缘像素差分)
　 T2ia_Style_Clipvision (文本到图像自适应控制 - 风格迁移)

模型

| t2ia_color_grid | ▾ | ✖ | t2iadapter_canny_sd15v2 [cecee02b] | ▾ | ⟳ |

T2I-Adapter 名称中的 T2I 指的是的 text-to-image（文生图）的意思，而 Adapter 是适配器的意思。T2I-Adapter 提供了 Lineart、Depth、Sketch、Segmentation、Openpose 等多个类型的控图模型。

T2I-Adapter 算法与 ControlNet 算法有很多相似的功能，一共集成了 3 种 T2I-Adapter 算法预处理器，分别是 t2ia_color_grid、t2ia_sketch_pidi 和 t2ia_style_clipvision。

IP-Adapter（图生图适配器）

在正常情况下，SD 系列模型只支持文本提示词的输入，而 IP-Adapter 模型能够在 SD 模型的图像生成过程中引入图像提示词，控制 SD 生成与参考图风格或者内容相似的图像，其工作界面如下图所示。

控制类型

○ 全部　　○ Canny (硬边缘)　　○ Depth (深度)　　○ NormalMap (法线贴图)　　○ OpenPose (姿态)　　○ MLSD (直线)

○ Lineart (线稿)　　○ SoftEdge (软边缘)　　○ Scribble/Sketch (涂鸦/草图)　　○ Segmentation (语义分割)

○ Shuffle (随机洗牌)　　○ Tile/Blur　　局部重绘　　○ InstructP2P　　○ Reference (参考)　　○ Recolor (重上色)

无
✓ ip-adapter_clip_sd15 (图像提示词自适应控制 - CLIP - SD1.5)
ip-adapter_clip_sdxl (图像提示词自适应控制 - CLIP - SDXL)
ip-adapter_clip_sdxl_plus_vith

| ip-adapter_clip_sd15 ▾ | ✖ | 模型 ip-adapter_sd15_plus [32cd8f7f] ▾ | ⟳ |

IP-Adapter 多用于风格迁移操作，步骤如下。

（1）准备两张图片，一张为被迁移风格的图片，可以是人物、动物等，一张为风格类型的图片，分别上传到 ControlNet Unit 0（IP-Adapter）和 ControlNet Unit 1（IP-Adapter）中，如下图所示。

（2）在 ControlNet Unit 0（IP-Adapter）中设置"控制类型"为 IP-Adapter、"预处理器"为 ip-adapter_clip_sd15、"模型"为 ip-adapter_sd15_plus，其他参数不变，这里是为了识别输入图像的风格和内容，如下图所示。

（3）在 ControlNet Unit 1（IP-Adapter）中设置"控制类型"为 Lineart、"预处理器"为 lineart_standard、"模型"为 control_v11p_sd15_lineart_fp16，将"控制权重"设置为 0.9，这里是为了控制人物不发生变化，如下图所示。

（4）模型及其他参数都不用修改，因为不会对图片造成影响，为了保证图片质量，可以在负面提示词文本框中添加"(worst quality:2),(low quality:2),(normal quality:2),complex background,human,watermark,text,EasyNegative, 坏图修复 DeepNegativeV1.x_V175T,"。

（5）单击"生成"按钮，即可将赛博朋克颜色风格迁移到动漫人物上，如下图所示。

光影控制

由于"光影控制"模型不是 ControlNet 开发者开发的模型，因此在安装完 SD 后，需要打开网址 https://pan.baidu.com/s/12tcm1fZhm9DvzvIO5-hQ7g（提取码：plll）下载安装。

下载模型文件，并将文件拷贝至 ControlNet 文件中，再重启 SD，其工作界面如下图所示。

控制类型

◉ 全部   ◯ Canny (硬边缘)   ◯ Depth (深度)   ◯ NormalMap (法线贴图)   ◯ OpenPose (姿态)   ◯ MLSD (直线)

◯ Lineart (线稿)   ◯ SoftEdge (软边缘)   ◯ Scribble/Sketch (涂鸦/草图)   ◯ Segmentation (语义分割)

◯ Shuffle (随机洗牌)   ◯ Tile/Blur   ◯ 局部重绘   ◯ InstructP2P   ◯ Reference (参考)   ◯ Recolor (重上色)

◯ Revision   ◯ T2I-Adapter   ◯ IP-Adapter

预处理器

none   control_v1p_sd15_brightness [5f6aa6ed]

与其他模型不同，"光影控制"模型并不是以复选框的形式出现在 SD 的工作界面中的，而且也没有预处理器。

当创作者在"控制类型"下拉列表中选择"全部"选项，然后在"模型"下拉列表中才可以选择名称分别是 control v1p sd15_brightness 与 control v1p sd15 illumination 的模型。

两个模型相比，control_v1p_sd15_brightness 生成的图像比较柔和自然，control_v1p_sd15_illumination 生成的图像光线感强，较明亮，所以 control_v1p_sd15_brightness 用得较多。

光影控制的用法多种多样，比较受欢迎的是利用光影控制将图片或文字融合在图片中，效果非常引人注目。这里以将文字融合在图片中为例，讲解操作步骤。

（1）准备一张黑底白字的文字图片，在此使用的是"好机友"3 个竖排文字。将此图片上传到 ControlNet 插件中，选择 control_v1p_sd15_brightness 模型，将"控制权重"设置为 0.5，将"引导介入时机"设置为 0.1，将"引导终止时机"设置为 0.65，这些参数可以根据实际情况调整，如下图所示。

（2）选择一个具有真实感的模型，这里选择的是 majicmixRealistic_v7.safetensors，再在提示词文本框中输入对生成图像的简单描述，这里输入的提示词为 masterpiece,best quality,highres,a beautiful girl walking in the park at night，参数设置根据实际操作调整即可，如下图所示。

（3）单击"生成"按钮，一张利用光影控制将文字融合在图片中的图像就生成了，如下图所示。如果文字效果过于明显，可以一直降低权重值，或者调整"引导介入时机"与"引导终止时机"数值，持续生成直到满意为止。如果想将图片 LOGO 融合，基本步骤不变，更换 ControlNet 中的图片即可。

第 7 章

通过训练 LoRA 获得
个性化图像

为什么要掌握训练 LoRA 技术

通过前面的学习，相信各位创作者都已经明白了 LoRA 模型的重要性，这其实也是为什么类似于 liblib.ai 这样的模型下载网站能持续火爆。

那么，既然已经有内容如此丰富的模型下载网站，为什么笔者还格外强调创作者应该掌握 LoRA 训练技术呢？

总结起来，大致有以下 3 个原因。

首先，通过 LoRA 可以创建风格独树一帜的作品。例如，下面展示的是笔者使用自己训练的文字 LoRA 创作的珠宝类型文字。

其次，可以提升某一种风格的出图效率及出图质量。例如，当制作某一类型的图片时，总要撰写各种提示词以固化某一种风格，此时不如直接训练专属的 LoRA 以快速创作同类型的效果。

除上述两点，还有一点是基于商业变现方面的考虑。从现在 SD 的发展趋势来看，越来越多的创作机构将其纳入了规范的创作工作流中，但并不是所有的机构都掌握了训练 LoRA 的方法与技巧，因此未来可能需要专业的 LoRA 训练师。

实际上，现在在 https://tusiart.com/ 网站上，那些能够获得独特效果的 LoRA 已经可以通过充能计划获得一定的收入，如下页上图右下角所示。

训练 LoRA 的基本流程

训练 LoRA 是有一定技术含量的操作，其步骤对初学者来说稍显复杂。

因此，下面笔者先讲解训练的基本流程，当创作者了解了整个流程涉及哪些步骤，以及每一个步骤的意义后，在训练时就会更能有的放矢。

步骤 1：准备软件环境

训练 LoRA 需要的软件是两个，分别是用于训练及打标签的软件 LoRa-scripts，以及用于处理标签的 BooruDatasetTagManager。

其中，LoRA-scripts 可以在 B 站 Up 主"秋叶aaaki"讲解 LoRA 训练的视频下方下载，其网址为：https://www.bilibili.com/video/BV1AL411q7Ub/?spm_id_from=333.999.0.0&vd_source=9025c98f637a55a5170a7076813ff730。

对于 BooruDatasetTagManager，可打开网址 https://github.com/starik222/BooruDatasetTagManager/releases/tag/v2.0.1 下载，如下图所示。

步骤2：确定训练目的

在训练 LoRA 模型之前，需要首先明确需要训练什么类型的 LoRA，是具象化的人物角色、物体、元素、服饰，还是泛化的画风、概念等。

在这个阶段明确了训练的目标，才能更好地确定要找的素材，同时准备好用于训练的底模。

步骤3：准备并处理训练素材

收集素材的方法

常用的搜索素材的方法大体可以分为以下几种。

» 在专门的素材网站下载，如花瓣网、Pexels、Unsplash 和 Pixabay 等。

» 利用后期处理软件自己合成或处理得到。

» 利用相机进行实拍收集。

» 利用三维软件制作渲染得到。

» 在类似于 Midjourney、liblib.ai 这样的在线 AI 网站上，在线生成素材。

» 在淘宝等网站购买已经整理好的素材。

下面是笔者为训练机甲 LoRA 搜索整理的素材图片。

在收集整理素材时注意以下要点。

» 训练具象类 LoRA 要收集的图片建议 35 张左右，但要确保有训练目标对象的不同景象，如不同角度、不同背景、不同比例，由于人应该还有不同姿势、不同服饰，总之尽量全面。

» 要训练泛化类 LoRA 需要的图片数量建议至少 70 张，同时也要注意图片尽量能够体现泛化的各种特点。

处理素材的目的

处理素材的目的有以下几个。

» 便于 SD 认别素材图像。

» 优化素材照片的质量，例如纠正偏色、裁剪不合适的部分，以及去除图片中的文字、标题等。

» 统一素材图片的尺寸，其长与宽最好均处理为 64 的倍数，素材图片的尺寸不要高于 1024。

» 对素材图片进行重命名，以确保所有图片名称均为英文或数字。

如右图所示为笔者训练机甲 LoRA 用到的去除背景后的素材图。

如右图所示为笔者训练画面用的素材集，图片的尺寸、颜色、对比度和文件名称均不符合规范。

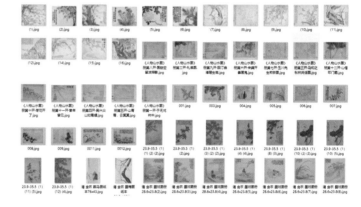

如右图所示为整理后的效果。

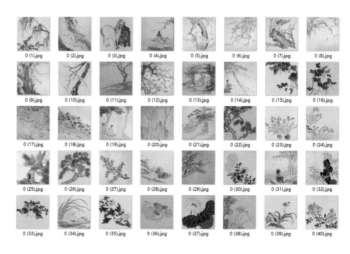

处理素材的方法

如前所述，在处理素材时，可能涉及的操作有去除背景、调色、裁剪、修改图片大小、修改文件名称等。

除了修改文件名称外，其他的操作虽然均可以找到不同的处理软件，但笔者建议使用Photoshop，因为此软件可以一站式解决以上所有问题。

处理素材的注意事项与技巧

如果要去除背景，那么一定要确保去除干净，如下图所示的周边杂色要确保已去除。

此外，物体边缘尽量保证光滑，不要出现明显的锯齿，如右图所示，否则均会影响最终的出图质量。

在去除大面积文字时要确保去除后的区域没有明显的遮盖、涂抹痕迹。同时，颜色风格过于明显的图片要适当调色，如右图所示。

005.jpg

006.jpg

007.jpg

008.jpg

009.jpg

0011.jpg

0012.jpg

23.9-35.5 (1)
(1) (2) (2).jpg

23.9-35.5 (1)
(2).jpg

23.9-35.5 (1)
(3) (2) (2).jpg

23.9-35.5 (1)
(4) (4).jpg

23.9-35.5 (1)
(8) (3).jpg

步骤4：为素材打标签

这个步骤实际上进行的就是数据标注，工作成果是一批名称与图片相同的TXT文件，如下图所示。

在这些TXT文件中，记录的是机器对图片的解读。例如，对于如下左图所示的素材图片，对应的TXT文件中的文本如下右图所示。

这些文字的翻译为：机甲，hjyjiazhourbt，翅膀，1女孩，盔甲，复杂，面对面，缝隙，黑暗，科幻背景，柱子，黑色头发，全盔甲，武器，站立，剑，长发，装甲靴，全身，羽毛翅膀，胸部，手套，1男孩，看着另一个

其中，hjyjiazhourbt是这个LoRA的触发词。

步骤5：设置参数并开始训练

当完成上述准备后，则可以进入 LoRA-scripts 中，通过设置参数来训练自己专属的 LoRA。需要注意的是，要执行此操作最好有 4070 以上的 GPU，否则等待时间可能稍长。

此外，在执行以上步骤时，无论是第一步软件的安装路径，还是所有文件的重命名操作，需要确保没有中文字符。

步骤6：测试 LoRA

当完成训练以后，会在 LoRA-scripts 的 output 文件夹中出现一批 LoRA 文件，如右图所示，这些 LoRA 的质量有可能高，也有可能低，可以用下面两个方法从中选出质量最高的一个。

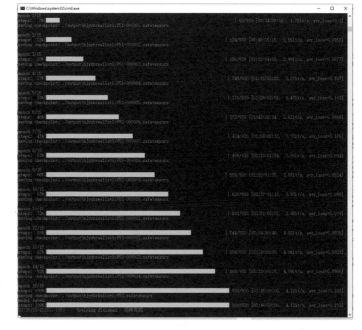

查看Loss 值

在训练 LoRA 的过程中，有一个非常重要的指标，即损失函数的值，也称为 Loss 值。如果所有操作都是正确的，那么整个训练过程就是 Loss 值不断变小的过程。

换言之，在训练时只要关注如右图所示的 Loss 值，其数值只要一直在下降，就说明训练的素材及参数是对的。

从经验来看，此数值在 0.8 左右时得到的模型效果比较好，因此就右图所示的数据来看，第 9 个与第 11 个模型大概率是效果更好一些的。

这种方法虽然快捷，但不够精准，适用于"急性子"创作者，如果要从这些模型中找到更合适的，需要使用下面要讲解的 XYZ 图表法。

XYZ 图表法

这种方法是指利用 SD 的脚本功能，自动替换提示词中的模型名称及权重值，其步骤如下。

首先，在提示词中将 LoRA 的名称与权重分别用 UNM 与 STRENGTH 来替代，因此，在提示词中 LoRA 的写法是 <lora:hjyjiazhouRBT-5.10UP-NUM:STRENGTH>，如下图所示。

接下来，在"脚本"下拉列表选择"X/Y/Z plot"选项，并在"X轴类型""Y轴类型"中均选择Prompt S/R选项，将"X轴值"设置为NUM,000001,000002,000003,000004,000005,000006,000007,000008,000009,000010,000011,000012,000013,000014,000015（这是由于本例中笔者调整了15个模型），将"Y轴值"设置为STRENGTH,0.1,0.2,0.3,0.4,0.5,0.6,0.7,0.8,0.9,1。

以上设置相当于，分别用"X 轴类型"参数匹配"Y 轴类型"参数，从而获得150组模型不同、参数不同的提示词。

完成以上设置后，单击"生成"按钮，SD 即开始自动成批生成图像，如右图所示。

完成操作后，得到如下图所示的一张效果联系表。

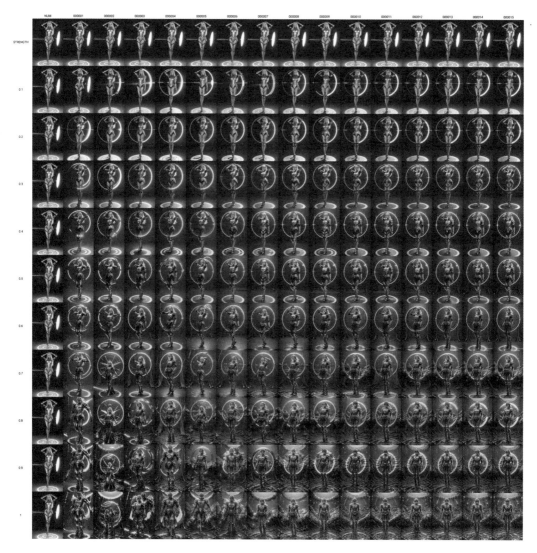

这张图像的尺寸非常大，整个文件的大小可以达到上百兆。例如，笔者生成的这张图像为326MB，如下图所示。

xyz_grid-0002-4148103857-hjyjiazhourbt,mecha,(chinese arm...	2023/12/5 21:04	PNG 文件	326,594 KB
02173-3560072762-dragon,heavy,gold,((jade)),(pearl_0.7),no ...	2023/12/5 11:51	PNG 文件	1,222 KB
02166-538011237-dragon,heavy,gold,((jade)),(pearl_0.7),(rub...	2023/12/5 11:50	PNG 文件	1,400 KB
02169-3833730314-dragon,heavy,gold,((jade)),(pearl_0.7),(ru...	2023/12/5 11:50	PNG 文件	1,399 KB

接下来需要放大这张图像，仔细对比查看，以确定是哪一个序号的模型在哪一个权重参数下，可以获得最好的效果。

LoRA 训练实战及参数设置

LoRA 训练实战目标

在本例中，笔者准备训练一个珠宝类型的 LoRA，因为笔者在网上没有找到一个特别满意的珠宝 LoRA。

下面展示的是笔者使用按后面的步骤训练出来的 LoRA，创作的珠宝作品，可以看出来效果还是比较令人满意的。

准备并处理素材

考虑到珠宝类型丰富、材质多样、造型各异，笔者使用 Midjourney 生成了近 200 张珠宝图像，并从中选择了 100 张图像，如下图所示。

由于笔者在生成这些素材时指定了比例，而且生成的提示词指定了背景，因此在素材处理方面，只需将其统一缩小为长、宽均为 512 的正方形即可。

为素材打标签

启动用于训练及打标签的软件 LoRA-scripts。

在此软件的安装文件夹中找到下面 3 个 .bat 文件，先双击 "A 强制更新—国内加速 .bat"，再双击 "A 强制更新 .bat"，最后双击 "A 启动脚本 .bat"。

A启动脚本.bat	2023/8/14 11:35	Windows 批处理...	1 KB
A强制更新.bat	2023/8/11 10:49	Windows 批处理...	1 KB
A强制更新-国内加速.bat	2023/8/11 10:49	Windows 批处理...	1 KB

启动软件后，软件将自动在网页浏览器中打开如下图所示的界面。

单击"WD 1.4 标签器"，进入打标签界面，在"图片文件夹路径"文本框中粘贴第 1 步整理的素材图片所在的文件夹路径 D:\train Lora\2023 11 30 jewerly train\S\JPEG，并将"阈值"设置为 0.4，其他参数保持默认，如下图所示。

此处的"阈值"可以理解为一个概率值，因为"WD 1.4 标签器"在为图片打标签时，实际上是以一定的概率来推测图片中的物体是什么的，当将数值设置为 0.4 时，意味着要求"WD 1.4 标签器"针对一个物体输出概率大于 40% 的词条。

当设置完参数后，单击右下角的"启动"按钮。

此时将会看到命令窗口显示如右图所示的调整用图片反推提示词的模型。

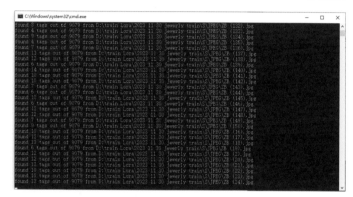

如果模型调用正确，则开始处理后显示如右图所示的为图像打标签处理进度窗口。

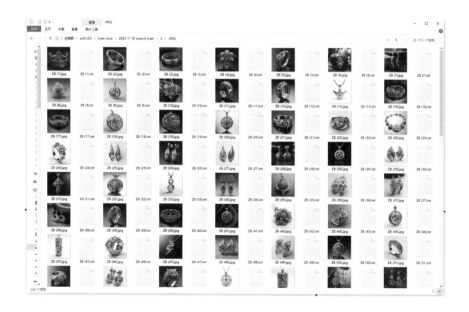

完成处理后，进入图片文件夹，可以看到与图片一一对应的标签 TXT 文件，如下图所示。

下面要进行的工作是对照图片——核对标签 TXT 文本，此时要打开 BooruDatasetTagManager 软件，其界面如下左图所示。

如果打开软件时不是中文界面，可以单击"设置"菜单，选择 Setting 命令，并在弹出的对话框中将"界面语言"设置为 zh-CN，如下右图所示。

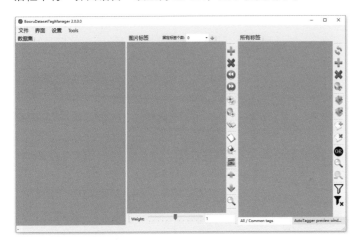

单击"文件"菜单，选择"读取数据集目录"命令，并在弹出的对话框中选择上一步打标签的文件夹，此时会将图片及各图片标签全部列出，如右图所示。

为了便于修改标签，单击"界面"菜单，选择"翻译标签"命令，此时软件界面如右图所示。

从软件最右侧的一栏"所有标签"中选中明显错误的文字标签，如右图所示的twitter username，以及下方的watch，然后单击右侧的"删除"按钮✖。

按上述方法操作，可以删除所有图片中与被选中文本相同的标签。

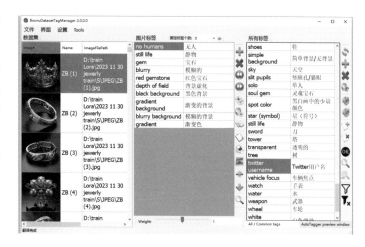

下面要一一单击对话框最左侧图片栏中的图片，并与中间一栏中的文本进行比对，如果描述文本没有准确描述图像，则要单击添加按钮➕，添加一个空文本位置，然后输入要添加的文本。

例如，对于如右图所示的珠宝吊坠，需要添加wing作为新的标签，以准确地描述其外形。

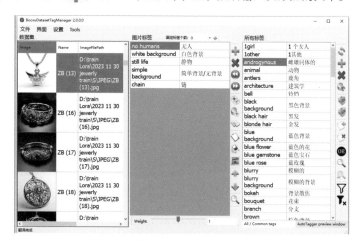

添加标签后的对话框如右图所示。

一一核实所有图片的文本标签后，按Ctrl+S组合键保存所有修改，并退出此软件。

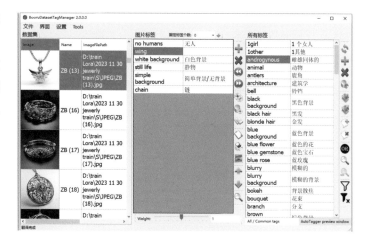

设置训练参数

重新进入 LoRA-scripts 界面，单击"新手"选项卡，下面需要分别设置各个参数。

设置底模

选择底模是一个非常重要的步骤，可以将其形容为万丈高楼的地基。

如果训练的 LoRA 用于生成真实感图片，则也要选择真实系底模，例如 majicmixRealistic_v7.safetensors。

操作方法是单击 🗀 按钮，然后在对话框中选择底模文件，如下图所示。

选择打完标签的文件夹

这一环节要分为 3 个步骤。

首先，在 LoRA-scripts 文件夹的 train 文件夹创建一个项目文件夹，文件夹名称随意，如下图所示。

接下来在此文件夹中创建一个文件夹，并将素材图片与对应的标签文本复制进来，但需要注意此文件夹的命名有一定的规范，必须是"数字_项目文件名"，如 20_hjyzb，数字为训练 LoRA 的次数，如下图所示。

将此数值调高，能够让 SD 更好地学习图片的细节，尤其是当图片中有许多细节时，建议调高此数值。但也并不是越高越好，过高的数值会让 SD 对图片的学习固化，从而导致生成的图片与素材图片过于类似，失去了 SD 天马行空的自由发挥的能力。反之，数值太低，则 SD 无法完全理解图片的细节，因此会出现术语称谓欠拟合的情况。

设置图片尺寸

在如下图所示的数值框中输入之前收集的图片尺寸，但必须是 64 的倍数，通常是 512,512 或 512,768。

resolution
训练图片分辨率，宽x高。支持非正方形，但必须是 64 倍数。   512,512

设置模型前缀及保存文件夹

在"保存设置"选项区域设置模型的前缀名称及保存文件夹，如下图所示。

在此处需要重点关注 save_every_n_epochs 参数，该参数值决定了最终得到的模型数量，通常可以设置 1，即每轮训练均保存一个模型，通常笔者训练 15 轮，因此最终会得到 15 个模型，然后从中选择合适的。

保存设置

output_name
模型保存名称   hjyZBZB

output_dir
模型保存文件夹

/output

save_every_n_epochs
每 N epoch（轮）自动保存一次模型   —   1   +

设置训练轮数与次数

此处设置的两个参数比较关键，如下图所示。

训练相关参数

max_train_epochs
最大训练 epoch（轮数）   —   15   +

train_batch_size
批量大小   —   4   +

第一个参数 max_train_epochs 调整的是训练的轮数，可以简单地将其理解为"跑了多少圈"，该参数值与前面按"数字 _ 项目文件名"规范创建的文件夹前面的数值，以及图片素材量共同决定了最终 SD 训练所需要的时间。

例如，笔者创建的文件夹前面是 20，max_train_epochs 参数值为 15，素材图片共 20 张，那么最终训练时，SD 将要对 6000 张图片进行学习，计算方式为 $20 \times 15 \times 20 = 6000$。

第二个参数 train_batch_size 定义的是 SD 每次学习的素材数量，此值越高，对硬件要求越高，通常如果 GPU 有 6GB 显存，建议将其值仅设置为 1，如果有 24GB 显存，可以设置为 6。

此参数值越大，训练速度越快，模型收敛越慢。"收敛"的意思是指损失函数的值（也称为 Loss 值）一直在往我们所期望的阈值靠近。

一般的经验是，如果提高 train_batch_size 值，需要同步提高下面将要提及的学习率。

设置学习率与优化器

此处设置的参数如下图所示。

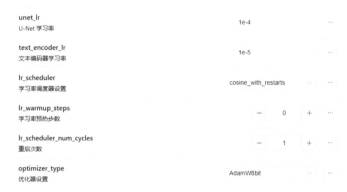

学习率与优化器设置

unet_lr U-Net 学习率	1e-4	···
text_encoder_lr 文本编码器学习率	1e-5	···
lr_scheduler 学习率调度器设置	cosine_with_restarts	
lr_warmup_steps 学习率预热步数	− 0 +	
lr_scheduler_num_cycles 重启次数	− 1 +	
optimizer_type 优化器设置	AdamW8bit	

在上图中有两个学习率参数，即 unet_lr 和 text_encoder_lr。其中，unet_lr 是指图像编码学习率，text_encoder_lr 是指文本编码学习率。

简单来说，学习率是指控制模型在每次迭代学习中更新权重的步长。学习率的大小对模型的训练和性能都有重要影响。学习率太低，模型收敛速度会很慢，训练时间变长；如果将学习率设置得太高，模型可能由于学习过快，导致错过最优化的数值区间，而且还有可能在训练过程中出现 Loss 反复震荡，甚至无法收敛。

这两个学习率的值通常是不同的，因为学习难度不同，unet_lr 的学习率比 text_encoder_lr 高，因为学习难度更高。

如果 unet_lr 的值过低，那么生成的图像与素材不像，而训练过度又会导致图像固化，或者质量变低。

text_encoder_lr 的值过低，会导致提示词对图像内容的影响力变弱，而训练过度同样会使图像内容固化，失去了 SD 发挥天马行空的创意能力。

对初学者而言，最好保持默认数值。

lr_scheduler 用于设置动态调整学习率的算法，其作用是在训练过程中根据模型的表现自动调整学习率，以提高模型的训练效果和泛化能力，有以下 4 个参数。

» Cosine（余弦）：即使用余弦函数来调整学习率，使其在训练过程中逐渐降低。

» cosine_with_restarts（余弦重启）：即在 consine 的基础上每过几个周期进行一次重启，此选项要配合 lr_scheduler_num_cycles 参数使用。

» constant（恒定）：即学习率不变。

» constant_with_warmup（恒定预热）：由于刚开始训练时，模型的权重是随机初始化的，此时若选择一个较高的学习率，可能带来模型不稳定的问题。选择 Warmup 预热学习率的方式，可以使开始训练的几个轮次里学习率较低，使模型慢慢趋于稳定，等模型相对稳定后，再选择预先设置的学习率进行训练，使模型收敛速度变得更快，效果更佳，此选项要配合 lr_warmup_steps 参数使用。

optimizer_type 是指训练时所使用的优化器类型，这也是一个非常重要的参数，其目的是在有限的步数内寻找得到模型的最优解。当使用不同的选项时，即使在数据集和模型架构完全相同的情况下，也很可能导致截然不同的训练效果。

» AdamW8bit：一种广泛使用的优化算法，它可以在不影响模型精度的情况下，大幅减少存储和计算资源的使用，从而让模型训练和推理的速度更快。

» Lion：这是由 Google Brain 发表的新优化器，各方面表现优于 AdamW，同时占用显存更小。

网络设置

此处设置的参数如下图所示。

网络设置

network_weights
从已有的 LoRA 模型上继续训练，填写路径

network_dim
网络维度，常用 4~128，不是越大越好　　　　　　　　　　　　　　　　　　　　　　　—　　128　　+

network_alpha
常用值：等于 network_dim 或 network_dim*1/2 或 1。使用较小的 alpha 需要提升学习率。　　　　—　　64　　+

如果要在已经训练好的 LoRA 模型的基础上继续训练，可以设置 network_weights 参数，在其下方选择一个已经训练好的 LoRA 模型即可。

network_dim 参数用于设置训练 LoRA 时画面特征学习尺寸，当需要学习的画面结构复杂时，此数值宜高一些。但是也不是越高越好，提升维度时有助于学会更多细节，但模型收敛速度变慢，需要的训练时间更长，也更容易过拟合。

完成设置开始训练

完成以上参数设置后，单击右下角的"开始训练"按钮，则可以在命令窗口看到各个轮次的进度条，以及各个轮次的 Loss 值，以右图为例，可以看出来从第 1 轮训练开始，每次训练的 Loss 值均在稳定降低，这证明操作是正确的。

选择适合的 LoRA

完成训练后，可以在 LoRA-scripts 安装文件夹的 output 文件夹中看到 LoRA 模型，接下来要按前面讲述过的选择 LoRA 模型的方法从中选择合适的 LoRA，下图为笔者的特效文字 LoRA 筛选图。

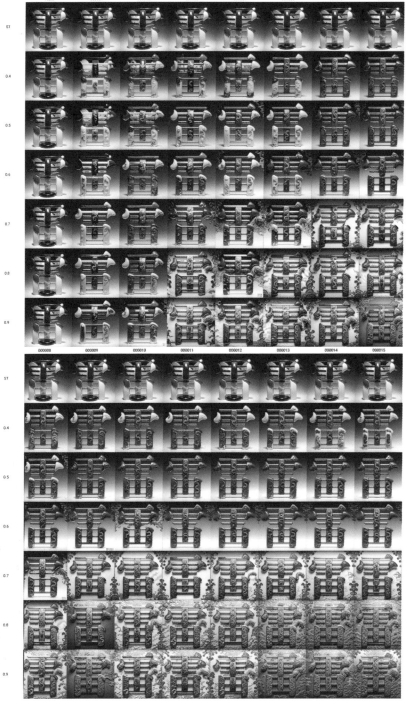

使用第三方平台训练 LoRA

LoRA 训练不仅能在 SD 中实现，也可以在第三方平台上进行，如使用 Liblib AI 网站也可以训练 LoRA，操作方法与在 SD 中类似，步骤如下。

（1）收集训练 LoRA 需要的图片，并将图片在打标签软件中打好标签存放在一个文件夹中。

（2）进入 Liblib AI 网站，单击左侧"创作"选项栏中的"训练我的 LoRA"选项，如下图所示。

（3）进入 LoRA 训练界面，在左上方可以选择 LoRA 的训练方向，这里提供了"自定义""XL""人像""ACG""画风"5 个选项，每个选项对应相应的底模、单张次数和循环轮次，这些是 Liblib AI 推荐的设置，用户可以根据情况修改，还可以在专业参数选项中调整更高级的设置。

（4）在右侧的图片打标/裁剪区域可以上传已经打好标签的图片文件夹，也可以上传没有打标签的图片在这里打标签。如果上传没有打标的图片，需要在底部选择裁剪方式、裁剪尺寸、打标算法、打标阈值，输入模型触发词（如果没有，可以不填），单击"裁剪/打标"按钮，系统会自动完成打标；如果上传已经打标好的图片文件夹，可以在此修改标签、裁剪图片尺寸、添加模型触发词，如左下图所示。

（5）单击右上角的"立即训练"按钮，进入 LoRA 训练界面，可以看到训练剩余时间、每轮训练模型的生成图，以及训练参数和日志视图。如果对训练不满意，也可以单击右下角的"停止训练"按钮，结束此次训练，如下右图所示。

（6）训练完成后，可以看到每轮训练模型的生成图。单击"日志视图"选项，可以看到训练过程中的 Loss 值，根据 Loss 值判断哪一轮的模型更稳定。单击右下角的"模型生图测试"按钮，可以跳转到 Liblib AI 生图界面测试新的模型生图效果。单击"重新训练"按钮，返回训练 LoRA 设置界面，所有训练参数不变，更改后可继续训练，如右图所示。

第 8 章

掌握 Stable Diffusion 辅助功能及插件运用

后期处理

"后期处理"功能在原版本中的英文是 Extras，也就是"超分输出"文件夹中图片的来源，也有部分版本把它翻译为"后期处理"或者"高清化"，大家知道它们是同一个功能就行。它的主要功能是放大图片、去噪、修脸等对图片进行后期处理，它并不是 SD 内置的功能，而是一个扩展插件。它的位置在"图生图"选项卡的右侧，单击"后期处理"选项卡即可使用该功能。

放大图片是它最基本的功能。对于分辨率较低的图片，如果强行将其放大以适应更高的分辨率显示需求，图片往往会显得非常模糊。这种问题可以通过后期处理将图片放大得到有效解决。该功能的主要核心就是在保持图片清晰度的前提下，提高其分辨率。放大图片还有个专业的名词"超分辨率技术"，简称"超分"，具体操作步骤如下。

首先单击"后期处理"选项卡，进入单张图片处理界面，也就是一次只处理一张图片。在"批量处理"界面可以单次上传处理多张图片，在"批量处理文件夹"界面可以指定处理某个文件夹下的所有图片，并且还需要设置输出目录。

回到"单张图片"界面，单击上传一张要处理的图片。设置"缩放比例"为2。这里有两种方式："缩放倍数"和"缩放到"，"缩放到"可以指定分辨率大小。"放大算法 1"和"放大算法 2"是用来指定放大算法的。真实图片一般选择 R-ESRGAN 4x+，它是基于 Real ESRGAN 的优化模型，适合放大真实风格的图片，"放大算法 2"用于避免"放大算法 1"过度处理的问题，比如磨皮太严重，可以使用一些普通算法，比如 Lanczos。最后单击"生成"按钮，就会在右侧显示出放大的图片。

其次，它还附带了一个修脸参数。如果用文生图功能生成的人脸效果不好，比如磨皮太严重、人脸变形等，都可以在这里试试。对于模糊的人脸，也有比较好的修复效果。

修脸方法支持两个模型：GFPGAN 和 CodeFormer。

» GFPGAN：腾讯一个开源的修脸模型，修复的细节比较清晰，人物形象的还原度比较高，气质保持得好。

» CodeFormer：修图的细节比较清晰，皮肤纹理更真实一些，不过这个模型对牙齿的处理效果不好。这个模型还有一个面部重建权重参数，取值范围为0~1。取值为0，模型会补充很多细节，面部改变较大；取值为1，面部基本没有改变，不会补充很多细节，但是也有修脸的效果。

这两个模型可以一起使用，可以通过 GFPGAN 的可见程度和 CodeFormer 的可见程度来设置它们的参与度。

PNG 图片信息

　　PNG 图片信息是 SD WebUI 中读取图片参数信息的功能，在 SD WebUI 中也是人们经常使用的功能之一。它的位置在"后期处理"选项卡的右侧，单击"PNG 图片信息"选项卡即可。

　　使用方法很简单，在"PNG 图片信息"界面中上传在 SD 中生成的图片后，右侧即可显示对应的参数信息。参数信息显示得相当全面，包括：正向提示词、反向提示词、Steps、Sampler、CFG scale、Seed、Size、大模型、LoRA 模型、Clip skip、ENSD 信息，如下图所示。

　　若导入的图片不是在 SD 中生成的图片，或者图片被重新保存过，那么将无法读取到对应的参数信息，如下图所示。

　　在显示图片信息下方，单击"发送到文生图"按钮，即可把读取到的参数信息一键发送到"文生图"中；单击"发送到图生图"按钮，即可把读取到的参数信息和原图片一键发送到"图生图"中；单击"发送到重绘"按钮，即可把读取到的参数信息和原图片一键发送到"局部重绘"中；单击"发送到后期处理"按钮，即可把读取到的参数信息和原图片一键发送到"后期处理"中。这里以"发送到图生图"为例，如下图所示。

无边图像浏览

"无边图像浏览"不仅是图像浏览器，更是一个强大的图像管理器。用户可以直接在这里显示在 SD 中生成的图像，并查看图像信息，还可以精确地搜索图像，配合多选操作进行筛选、归档、打包，推高了生图效率，功能十分强大。它的位置在"训练"选项卡的右侧，单击"无边图像浏览"选项卡即可。

进入"无边图像浏览"界面，可以使用 Walk 模式浏览图片。在这里可以浏览使用"文生图"和"图生图"功能生成的图片。在文件夹中单击图片，即可显示图片的所有信息。这里要比"PNG图片信息"中显示的信息全面，同样也可以发送到 SD 任何一个功能中使用。

在"无边图像浏览"界面中，可以把常用的文件夹路径添加到里面，可以快速进入文件夹或切换到文件夹，在这里移动图像比较方便。

在"无边图像浏览"界面中，可以通过 Tag、自定义、模型、LoRA、正面提示、尺寸、Postprocess upscaler、Postprocess upscale by、采样器中的任意一种或者多种搜索图像，找图效率大幅度提升，速度快还简单，如下图所示。

在"无边图像浏览"界面中，还可以启动图像对比，任意选择两张图片添加到"图像对比"面板，即可在新标签中对两张图片的效果进行对比，如右图所示。

在"生成"按钮的下方有 3 个快捷按钮和一个预设样式框，它们作用分别如下。

✓（复制信息一键填充按钮）：复制 PNG 图片信息后，先将信息粘贴到正向提示词文本框中，然后单击"复制信息一键填充"按钮。对于 PNG 图片信息中的参数，除了模型参数不能填充，其他参数便会一键填充到位，如下图所示。

□（粘贴信息一键填充按钮）：复制 PNG 图片信息后，单击"粘贴信息一键填充"按钮，在弹出的文本框中粘贴信息，然后单击"Submit"按钮。

🗑（清除当前所有提示词钮）：单击该按钮会弹出是否清除当前提示词的对话框，单击"确定"按钮，便会删除所有提示词。

✎（编辑预设样式）：单击该按钮会弹出编辑预设样式界面。在第一个文本框中填写预设样式的名称，再填写常用的提示词和反向提示词，最后单击"保存"按钮，一个预设样式就完成了。之后，在"预设样式"下拉列表框中选择保存好的预设样式即可使用。

预设样式
预设样式允许自行添加自定义文本到提示词中。在预设样式文本中使用[提示词]词元，在应用预设样式时，它将被用户的提示词所替代。不然的话，预设样式文本会被添加到提示词末尾。

基础起手式 ▼ ⟳ 🗑

提示词

masterpiece, best quality,

反向提示词

lowres, bad anatomy, bad hands, text, error, missing fingers, extra digit, fewer digits, cropped, worst quality, low quality, normal quality, jpeg artifacts, signature, watermark, username, blurry

保存   删除   关闭

模型融合、模型转换、模型工具箱

模型融合

"模型融合"用于将多个大模型融合在一起，可以创建一个更强大、更有效的模型。通过模型融合，可以将多个模型的优点结合起来，以获得更好的效果，基本参数设置如下。

» 模型 A/B/C：选择要合并的大模型，最少合并两个模型，最多合并 3 个模型。

» 自定义名称（可选）：融合模型的名字，建议把两个模型和所占比例加入到名称之中。

» 融合比例 M：模型 A 占 $(1 - M) \times 100\%$，模型 B 占 $M100\%$。

» 融合算法：两个模型融合用"加权和"即可。

» 输出模型格式：ckpt 是默认格式，safetensors 格式可以理解为 ckpt 的升级版，可以拥有更快的 AI 绘图生成速度，而且不会被反序列化攻击。

» 储存半精度模型：通过降低模型的精度来减少显存占用。

» 复制配置文件：选择 A、B 或 C 即可。

» 嵌入 VAE 模型：嵌入当前的 VAE 模型，相当于加了滤镜，但是会增加模型的大小。

» 删除匹配键名的表达式的权重：要删除模型内的某个元素，可以将其键值进行匹配删除。

模型转换

"模型转换"主要是对模型的精度和格式进行修改。注意：只能转换大模型。

进入"模型转换"界面，先在"模型"下拉列表中选择要转换的大模型，在"自定义名称（可选）"文本框中输入 2 转换模型的名称，不输入则保持原名称，"精度"可以选择 fp32、fp16、bf16，"模型修剪"禁用即可，"模型格式"可以选择 ckpt、safetensors，最后单击"运行"按钮，转换出的模型将会保存在"模型目录"中。

模型工具箱

"模型工具箱"是一个用于管理、编辑和创建模型的多用途工具包。主要功能包括查看模型信息、精简模型大小、转换模型格式、替换模型组件和调试模型架构。

模型工具箱分为基础使用界面和高级使用界面，基本参数设置如下。

（1）基础使用界面：先选择一个模型来加载，下拉列表中包括大模型、LoRA、VAE 等模型，选中后单击"加载"按钮即可。模型加载完成后，可以看到模型的以下基本信息：模型的字节大小、模型的类型、模型包含的组件、模型有没有垃圾数据、当前精度下模型浪费了多少大小、模型是否包含错误数据，以及模型可以精简到多大字节。

单击"保存"按钮：可以将模型保存成当前选择精度的 .safetensors 格式文件。

单击"清除"按钮：退出本次操作，回到初始的模型选择界面。

（2）高级使用界面：可以替换或导出模型的组件。

如果替换一个 VAE 解码器到一个已有的模型，只需加载模型，在高级使用页面，设置"组件类别"选 VAE-v1、"模型组件"为"自动"，选择一个已有的 VAE 文件，单击"导入"按钮，最后单击"保存"按钮，新的模型文件就完成了。

了解重要设置选项

与所有其他软件一样，要想更好地应用软件，一定要掌握软件的重要设置选项，在 SD 界面单击"设置"按钮，可以切换到软件运行选项设置界面，如下页上图所示，在这个界面中，可以设置多达上百项控制不同软件运行的参数。

一般情况下，对初学者来说，最好保持所有选项均处于默认状态，但对已经有一定基础的创作者来说，可以适当了解这些设置的作用，并尝试通过修改设置，使自己的操作更灵活、有效。

由于此界面中的参数过于繁杂，笔者仅在此讲解若干笔者认为较为重要的选项，对于其他选项，各位读者可以查阅其他相关资料学习。

保存路径：设置生成图像保存位置，可以设置为统一的输出文件夹。如果不设置，则按文生图输出文件夹、图生图输出文件夹、后期处理输出文件夹 3 个文件夹分别输出图像。

面部修复：使用第三方模型对生成图像的人脸进行修复。如果没有安装 ADetailer 插件，建议开启此设置，面部修复模型选择 CodeFormer，强度保持适中即可。

扩展模型：LoRA 功能及参数的详细设置。开启"在卡片上显示描述信息"，在使用 LoRA 时能更准确地选择，"将扩展模型添加到提示词时，通过以下格式提及 LoRA"设置为文件名，这样在使用的过程中不会产生混淆，也能轻易辨别使用的是哪个 LoRA。

用户界面：自定义设置用户界面内容。如果使用的不是秋叶整合包，需要将"本地化"更改为 zh-Hans (Stable)，用户界面即可变成中文显示。在"文生图 / 图生图界面参数组件顺序"可以更改选中参数组件的显示顺序，把常用的组件放在前面，省去频繁下翻的步骤。

文本信息：设置生成图片所含信息。开启"将模型哈希值添加到生成信息"和"将模型名称添加到生成信息"，这样生成的图片中才会有生图的参数和模型信息，方便后期查看使用和分享图片。

采样方法参数：设置采样方法的详细参数。采样方法默认是全部开启的，但是大部分采样方法是用不到的，可以在隐藏用户界面中的采样方法中将用不到的采样方法勾选，这些采样方法就会被隐藏。

画布热键：调整画布和画笔的设置。用户可以根据个人习惯设置画布功能的快捷键。

标签自动补全：标签自动补全工具参数及功能的详细设置。如果使用的不是秋叶整合包，可能没有这个设置，需要安装扩展插件。选择使用的标签文件名，选择 danbooru.zh_CN_SFW.csv，一些基本的汉语都可以识别，非常好用。候选标签最大数量可以根据个人习惯更改，建议设为 15。

ControlNet：ControlNet 参数及功能的详细设置。多重 ControlNet: ControlNet unit 数量这个是 ControlNet 单元的数量，一般同时开启 2~3 个 ControlNet 单元情况居多，建议设为 3，如果需要更多的数量，在此更改即可。

插件的安装

插件的作用

在 Stable Diffusion 中,插件的作用是控制扩散过程,为模型提供更多的输入条件,如边缘映射、分割映射和关键点等。

这些额外的条件使得模型能够生成更符合用户需求的图片，同时也能更好地控制细节。通过插件，用户可以更方便地使用 Stable Diffusion 技术，实现基于文本生成图像的功能。

插件的安装

首先是从 Git 网址安装，这里以安装 Cutoff 为例，Git 网址通常提供了 Stable Diffusion 插件的最新版本，用户可以从源头获取最新的功能和修复的 Bug，而无须等待第三方软件仓库的更新。插件地址： https://github.com/hnmr293/sd-webui-cutoff。

（1）打开 Stable Diffusion WebUI 页面，在功能选项栏中选择"扩展"选项，进入扩展界面，如下图所示。

（2）因为这里要从 Git 网址安装，所以选择"从网址安装"选项，进入"从网址安装"界面，在"扩展的 git 仓库网址"文本输入框中输入 Cutoff 插件的网址，如下图所示。

（3）单击"安装"按钮，Stable Diffusion WebUI 自动从 Git 网址获取安装包并安装，安装成功后，会提示已经安装到路径中的 extensions 文件夹中，最后还需要重启 WebUI 才能使用，如下页上图所示。

（4）重启 WebUI 后，在插件区域就可以看到 Cutoff 插件了，单击右侧的黑色三角符号，可以打开 Cutoff 的参数设置界面，如下页上图所示。

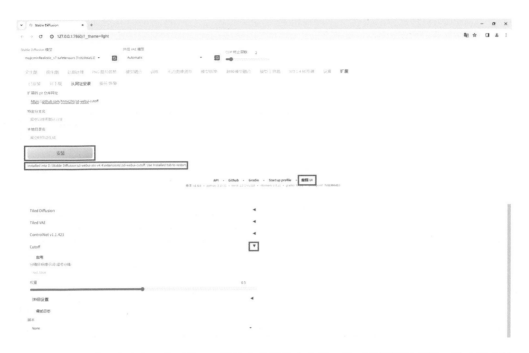

由于 Git 网址不太稳定，有时从 Git 网址安装插件会失败，这时就需要使用另一种安装方法，即使用 ZIP 安装包安装。这种方式是直接下载插件的源文件放到 extensions 文件夹中，方式非常简单，但是插件安装后无法自动更新。这里以 ADetailer 为例介绍操作步骤。

（1）在网上下载 ADetailer 插件 ZIP 安装包到本地，如下图所示。

（2）在 ADetailer 插件 ZIP 安装包上单击鼠标右键，选择"解压文件"命令，在弹出的解压路径和选项窗口中将目标路径设置为 Stable Diffusion WebUI 根目录的 extensions 文件夹，这里的路径是 D:\Stable Diffusion\sd-webui-aki-v4.4\extensions，最后单击"确定"按钮，如下图所示。

（3）重启 WebUI，在插件区域就可以看到 ADetailer 插件了，单击右侧的黑色三角符号，可以打开 ADetailer 的参数设置界面，如下图所示。

插件的更新与卸载都可以在 Stable Diffusion WebUI 启动器中操作。打开 Stable Diffusion WebUI 启动器，选择"版本管理"选项，再单击上面的"扩展"选项，可以看到已经安装的全部插件及详细信息，并且在可以单独对每个插件进行"更新""切换版本""卸载"。注意：不是在 Git 网址安装的插件只能进行卸载操作，如下图所示。

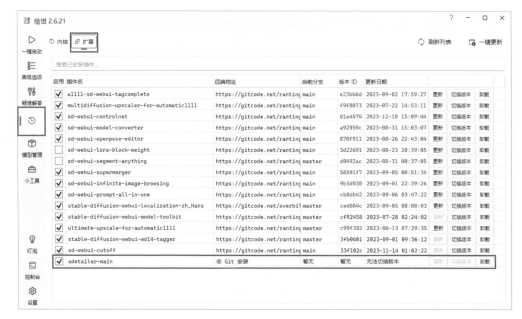

提示词插件的使用

在最开始使用 Stable Diffuison 时，如果英语不好的话，写提示词往往需要去翻译软件先输入中文，翻译成英文后，再在 Stable Diffuison 中输入，整个过程非常烦琐，总需要在 SD 和翻译软件之间反复跳转。即使后来有人开发了 tag 补全插件，本质上却是按照本地词库（两个 CSV 文件）进行对照翻译，词库里没有的词就翻译不出来。而 prompt-all-in-one 插件是通过第三方接口进行在线翻译的，同时可对提示词权重、格式等进行设置，还包括收藏等功能，因此可以说它是每一个创作者几乎都要安装并掌握使用的插件。

（1）在最新的 Stable Diffusion WebUI 整合包中，prompt-all-in-one 插件是内置在其中的，如下图所示。如果整合包中没有内置该插件，安装方法与上文的插件安装步骤一样，这里推荐在 Git 网址安装，插件地址：https://github.com/Physton/sd-webui-prompt-all-in-one。

（2）第一个按钮是设置语言按钮 🌐，该插件支持几乎所有国家的语言，单击 🌐 按钮，在弹出的语言选择框中单击即可切换语言，如下图所示。

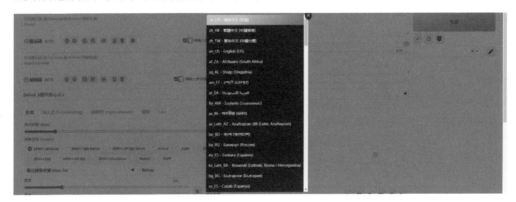

（3）第二个按钮是 prompt-all-in-one 插件的设置按钮 ⚙，设置选项从左到右依次是：翻译接口、Prompt 格式、关键词黑名单、快捷键设置、主题、扩展插件样式、切换深色主题、插件详情、输入新关键词后自动翻译、功能提示框、提示词自动填充选项框。其中，通过翻译接口可以选择免费或者付费的翻译网站，勾选输入新关键词后自动翻译和功能提示框选项，如下图所示。

（4）第三个按钮是历史记录按钮 🕘，文生图和图生图使用过的所有正、反向提示词都有记录，并且可以对每条提示词进行收藏、复制、使用，如下图所示。

（5）第四个按钮是收藏列表按钮 ，在这里可以复制和使用收藏的提示词，一般可以将一些描述画面的固定提示词、描述人物的固定提示词及反向提示词收藏，需要时可以直接选取使用，非常节约时间，如下图所示。

（6）第五个按钮是一键翻译所有关键词按钮 ，单击该按钮可以将所有的中文关键词翻译成英文，如下图所示。

（7）第六个按钮是复制所有关键词到剪贴板按钮 ；第七个按钮是删除所有关键词按钮 。

（8）第八个按钮是使用 ChatGPT 生成 Prompt 按钮 ，单击该按钮会弹出 GPT 设置界面，需要 GPT 的 API key，否则无法使用，如下图所示。

（9）在下方的提示词框文本中，如果想对单个提示词进行操作，先用鼠标选中提示词，在弹出的选项框中，可以对提示词进行权重调整、收藏、复制、禁用，拖动提示词还可以更换提示词的顺序，如下图所示。

（10）若不知道如何描述提示词，点击右下方的"显示分组标签"按钮，便会打开提示词分组标签，里面包括大量的提示词，并且按照类型进行了型分类，点击需要的提示词即可使用，如下图所示。

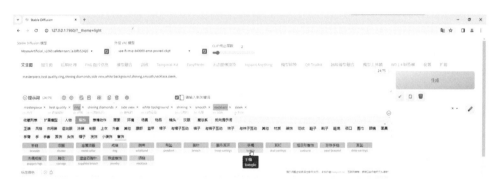

十大必装插件列表

虽然 Stable Diffusion 很强大，但是只靠内置功能，有些效果是无法达到的，所以需要安装插件辅助 Stable Diffusion 生成图像，只要两者结合才能产生更好的效果。对于初学者而言，笔者建议安装以下十大常用插件。

（1）prompt-all-in-one（提示词翻译补全）：它可以帮助英文不好的用户快速弥补英文短板。其中包含中文输入自动转英文、自动保存使用描述词、描述词历史记录、快速修改权重、收藏常用描述词、选择多种翻译接口、一键粘贴删除描述词等功能。

扩展地址：https://github.com/Physton/sd-webui-prompt-all-in-one。

（2）After Detailer（人脸及手部修复）：它是一款强大的图像编辑工具，可用于修复和编辑图像。自动修复图像中的瑕疵，无论是 2D 还是真实的人脸及手部，都可以通过识别面部、人物、手部并自动对其进行 mask 和重绘，还可以通过调整参数去改变识别的对象和识别区域的大小及位置等。

扩展地址：https://github.com/Bing-su/adetailer。

（3）WD 1.4 Tagger（提示词反推）：它可以从任意图片中提取提示词标签，帮助软件理解图像的内容、创建创意图像、分析图像数据，并可以一键发送到文生图和图生图。

扩展地址：https://github.com/pythongosssComfyUI-WD14-Tagger。

（4）Ultimate SD Upscale（图片放大）：它是一款强大的图像超分辨率工具，可用于将低分辨率图像提升到高分辨率、减少噪声和模糊。Ultimate SD Upscale 使用的超分辨率模型是基于深度学习的，因此具有较高的准确性。

扩展地址：https://github.com/Coyote-A/ultimate-upscale-for-automatic1111。

（5）Tiled Diffusion（平铺扩散）：它同样是提高图像分辨率、修复图像瑕疵的工具。Tiled Diffusion 适合小显存，生成图像的速度更快，细节添加更可控，也不容易崩坏。

扩展地址：https://github.com/pkuliyi2015/multidiffusion-upscaler-for-automatic1111。

（6）OpenPose Editor（姿态编辑）：它可以识别图片中的人物姿态，可以根据需求随意调整人物的姿势，甚至可以调整手指动作，可以轻松还原想要的动作。

扩展地址：https://github.com/huchenlei/sd-webui-openpose-editor。

（7）Cutoff（精准控制物体颜色）：它可以让画面中物体的颜色不会相互污染。在使用 AI 绘画时，如果提示词中设定的颜色过多，很容易出现不同物体之间颜色混杂的情况，Cutoff 插件能很好地解决这个问题，让画面中物体的颜色不会相互污染。

扩展地址：https://github.com/hnmr293/sd-webui-cutoff。

（8）Images Brower（图库浏览器）：它可以轻松直观地查看、管理所有用 WebUI 生成的图像，比在根目录的 Outputs 文件夹中查看要方便，而且图片的生成信息，以及对图片的其他操作都可以在此插件中完成。

扩展地址：https://github.com/AlUlkesh/stable-diffusion-webui-images-browser。

（9）Tiled VAE（防止爆显存）：如果显存太低，那么生成分辨率稍微大一点的图像就会带不动，出现错误提示，Tiled VAE 会生成一个个小的图块，然后拼合在一起形成高分辨率图像，这样就可以有效防止爆显存的情况出现，不过生成时间会更长一些。

扩展地址：https://github.com/pkuliyi2015/multidiffusion-upscaler-for-automatic1111。

（10）Regional Prompter（区域提示器）：它可以将图像分成几个部分并为每个部分设置独特的提示词，具有极大的灵活性，比如可以准确定位对象并为图像的某些部分选择特定颜色，而无须更改其余部分。

扩展地址：https://github.com/hako-mikan/sd-webui-regional-prompterCopied。

第 9 章

Stable Diffusion
综合实战案例

制作节日庆典海报插画

利用 SD 强大的文生图与图生图功能，使用者可以根据自己的需要，搭配组合不同的模型生成灵活多样的插画，这大大降低了插画绘制的门槛，即便没有太多美术基础，也可以利用 SD 生成各种不同风格、不同主题的插画作品。

这里以儿童节海报插画为例讲解基本的操作步骤。

（1）进入 Liblib AI 网站，在首页的"模型广场"分类中选择"插画"选项，如下图所示。

（2）因为是儿童节海报，这里选择"儿童书籍插画"模型（https://www.liblib.art/modelinfo/3acf8d15aabc468f880a007009364fa8），单击"下载"按钮，将模型下载到本地，如下图所示。

（3）根据模型作者的出图推荐，底模选择"儿童插画绘本 Minimalism_v2.0.safetensors"（https://www.liblib.art/modelinfo/8b4b7eb6aa2c480bbe65ca3d4625632d），同样进入模型下载页面，将模型下载到本地，如下图所示。

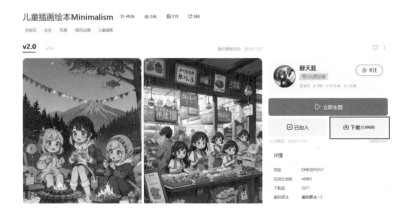

（4）启动 Stable Diffusion WebUI，进入"文生图"界面，选择 Stable Diffusion 模型为"儿童插画绘本 Minimalism_v2.0"，外挂 VAE 模型为"vae-ft-mse-840000-ema-pruned. safetensors"，将想要在海报中出现的元素输入到正向提示词文本框中，即"(Masterpiece),(Best Quality),1girl,1boy,Detailed Illustrations,Grassland,Colorful Banners,Clouds,Grass From Background,Colored balloons,gift boxes,candies,happy"，并将画面质量负面提示词和不想在图片中出现的元素输入到反向提示词文本框中，即"(worst quality, low quality:2) ,(animals:1.2),monochrome,overexposure,watermark,EasyNegative,duplicate,ugly,(bad and mutated hands:1.3),horror,geometry,bad_prompt,(bad-artist-anime),bad-artist,(ng_deepnegative_ v1_75t),grayscale,normal quality,lowres,sketches,low quality,NSFW,bad hands"，如下图所示。

（5）添加之前下载好的"儿童书籍插画"模型，选择"LoRA"选项卡，在 LoRA 模型库中单击"儿童书籍插画 _v1.0"模型，如下图所示。

（6）添加 LoRA 模型以后，Stable Diffusion 自动将 LoRA 模型提示词添加到正向提示词文本框中，默认权重为 1，这里将模型权重修改为 0.8，如下图所示。

（7）设置"迭代步数（Steps）"为20，"采样方法（Sampler）"为"Euler a"，开启"高分辨率修复"，设置"放大算法"为"R-ESRGAN 4x+"、"高分迭代步数步数"为20，"重绘幅度"为0.5，"放大倍数"为2，设置图片尺寸为512×704，其他保持默认不变，如下图所示。

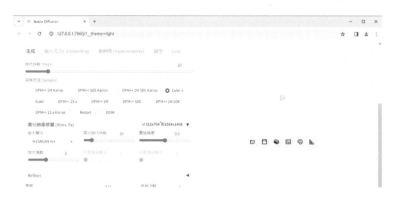

（8）单击"生成"按钮，生成的图片基本符合提示词的要求，将生成的图片导出并添加文字及其他元素，一张儿童节海报就完成了，如下图所示。如果想生成其他类型的海报，基本步骤不变，更换大模型、LoRA模型及关键词即可。

真实照片转二次元效果

真实照片转二次元效果，是当前流行的社交媒体玩法。利用 SD 将真实照片转换成为具有艺术感的二次元图片后，可以更加个性化地展示自己或产品。同时，这种技术还可以用于操作虚拟偶像和虚拟代言人，为品牌营销和推广提供新的思路和方式。

利用 SD 可以很好地完成这种转化，SD 可以根据原始照片的细节和特征，自动生成具有特定风格和美感的二次元形象，操作步骤如下。

（1）准备一张真人照片素材，进入 Liblib AI 网站，在首页的"模型广场"分类中选择"二次元"选项，如下图所示。

（2）选择一个喜欢的二次元风格模型，单击进入模型介绍页面，这里选择的是"描边｜简约插画"模型（https://www.liblib.art/modelinfo/e47a269aaadc477183fec9dcf485bb86），单击"下载"按钮，将模型下载到本地，如下图所示。

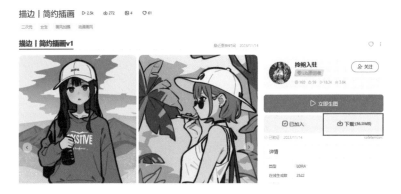

（3）根据模型作者的出图推荐，底模选择"万象熔炉 Anything V5/V3"（https://www.liblib.art/modelinfo/e5b2a904207448b47c2e49abd2875e70），同样进入模型下载页面，将模型下载到本地，如下图所示。

（4）启动 Stable Diffusion WebUl，进入"图生图"界面，在"Stable Diffusion 模型"下拉列表中选择"anything-v5-PrtRE"选项，在"外挂 VAE 模型"下拉列表中选择"Automatic"选项，如下图所示。

（5）在"图生图"界面的图片上传窗口单击，上传准备好的真人照片素材，如下图所示。

（6）单击提示词右侧的"DeepBooru 反推"按钮，Stable Diffusion 开始分析上传的素材图片特征，并将分析结果以短语的形式自动填写到正向提示词文本框中，即"scarf,snowing,1girl,snow,solo,star_\(sky\),moon,long_hair,night,winter,sky,starry_sky,smile,night_sky,white_scart"，最后填入负面提示词"(NSFW:1.3),teeth,(cleavage),(worst quality:1.65),(low quality:1.2),(normal quality:1.2),low resolution,watermark,dark spots,blemishes,dull eyes,wrong teeth,red teeth,bad tooth,Multiple people,broken eyelashes,(badhandv4-AnimeIllustDiffusion_badhandv4:1.2),(EasyNegative:1.2)"，如下图所示。

（7）添加之前下载好的"插画｜简约插画"模型，选择"LoRA"选项卡，在 LoRA 模型库中单击"描边｜简约插画_描边｜简约插画 v1"模型，如下图所示。

（8）添加 LoRA 模型以后，Stable Diffusion 自动将 LoRA 模型提示词添加到正向提示词文本框中，默认权重为 1，这里将模型权重修改为 0.7，如下图所示。

（9）设置"缩放模式"为"仅调整大小"、"迭代步数（Steps）"为 20、"采样方法（Sampler）"为"Euler a"，设置图片尺寸为 512×968、"重绘幅度"为 0.5，其他保持默认不变，单击"生成"按钮，生成的图片场景、人物动作、人物穿着与原图基本相似，但风格已经变成了二次元，如下图所示。

（10）如果想更换其他二次元风格，基本步骤不变，挑选更换其他的二次元大模型及 LoRA 模型即可。其他风格的真人转动漫图片如下图所示。

将任意图像改为建筑结构

AI绘画可以利用现代技术手段，对图片的特征进行深入分析和提取，将其融入建筑设计中。例如，本例展示了以青铜文物图片为灵感进行建筑创意设计的方法，这样的创意设计思路不仅可以突出建筑的科技感和现代感，同时也可以为传统文化的传承和发展提供新的思路。

（1）准备一张三星堆铜人头像的图片，进入 Liblib AI 网站，在首页的"模型广场"分类中选择"建筑及空间设计"选项，如下图所示。

（2）选择一个想要生成的建筑风格模型，这里选择的是"公建化立面建筑"模型（https://www.liblib.art/modelinfo/b9ab326c49c543e7b006745014783baf），单击"下载"按钮，将模型下载到本地，如下图所示。

（3）根据模型作者的出图推荐，底模选择"城市设计大模型｜UrbanDesign"（https://www.liblib.art/modelinfo/6187e7efa7d441dda18cb2afcdde0917），同样进入模型下载页面，将模型下载到本地，如下图所示。

（4）启动 Stable Diffusion WebUI，进入"文生图"界面，在"Stable Diffusion 模型"下拉列表中选择"城市设计大模型 _ UrbanDesign_v7"选项，在"外挂 VAE 模型"下拉列表中选择"Automatic"选项，填写提示词时除了固定的正向提示词描述，再增加一些关于建筑的材质及周围景观的描述，如"((masterpiece)),((best quality:1.4)),(ultra-high resolution:1.2),(realistic:1.4),(8k:1.2),nsanely detailed,buildings,residential,building,outdoors,scenery,sky,tree,no humans,day,real world location,blue sky,road,cloud,city,lamppost,scenery,outdoors,real world location,(tree:0.8)"，最后填入负面提示词"paintings,sketches,(worst quality:2),(low quality:2),(normal quality:2),lowres,normal quality,logo,((text)),nsfw"，如下图所示。

（5）添加之前下载好的"公建化立面建筑"模型，选择"LoRA"选项卡，在 LoRA 模型库中单击"公建化立面建筑_v1"模型，如下图所示。

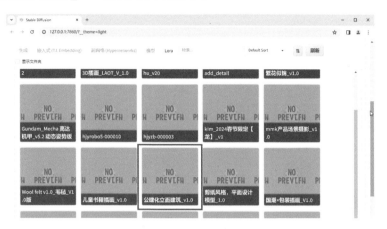

（6）添加 LoRA 模型以后，Stable Diffusion 自动将 LoRA 模型提示词添加到正向提示词文本框中，默认权重为 1，这里将模型权重修改为 0.8，如下图所示。

（7）设置"迭代步数（Steps）"为 30，"采样方法（Sampler）"为"DPM++ SDE Karras"，开启"高分辨率修复"，设置"放大算法"为"R-ESRGAN 4x+"，设置"高分迭代步数"为 20、"重绘幅度"为 0.3、"放大倍数"为 2，设置图片尺寸为 768×512，"提示词引导系数"为 5，其他保持默认不变，如下图所示。

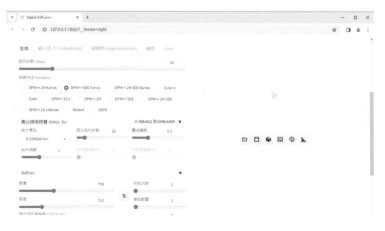

（8）这里想生成一个三星堆铜人头像形状的建筑，如果现在直接生图，建筑物的形状是不确定的，所以这里需要开启ControlNet功能规定生图的形状，在"ControlNet Unit 0"界面中单击，上传三星堆素材图，在下方的参数设置区域勾选"启用""完美像素模式""允许预览"复选框，选择"Depth（深度）"控制类型，这个控制类型可以将物体的形状通过颜色深度准确表达，设置"预处理器"为"depth_zoe"，其他参数默认不变，最后单击¤图标，会在上传素材旁边出现一张预览图，单击"生成"按钮，便会生成一张和三星堆铜人头像形状相似的建筑物，如下图所示。

（9）如果还想生成其他铜器形状的建筑，步骤不变，只需更换ControlNet中的素材图即可，生成的四羊方尊形状的建筑如下图所示。当然，不局限于青铜器，各种物品都可以尝试。

将二次元图片真人化

将二次元图片真人化可以实现从虚构到现实的跨越，这种转化过程可以满足人们对于将二次元角色或场景在现实生活中具象化的渴望。例如，通过这种方式，厂商可以将二次元爱好者喜爱的角色转化为真实的人像，进一步增强它们与角色之间的情感联系，为品牌营销打好基础。

下面展示使用 SD 将二次元图片真人化的操作步骤。

（1）准备一张二次元人物图片，因为要将图片真人化，所以进入 Liblib AI 网站，在首页的"模型广场"分类中选择"写实"选项，选择一个真实的模型，如下图所示。

（2）选择一个与图片人物类似风格的写实模型，单击进入模型详情界面，这里选择的是"majicMIX realistic 麦橘写实"模型（https://www.liblib.art/modelinfo/bced6d7ec1460ac7b923fc5bc95c4540），单击"下载"按钮，将模型下载到本地，如下图所示。这个模型属于大模型，基本涵盖所有风格，如果还想添加别的风格，可以继续添加 LoRA 模型。

（3）启动 Stable Diffusion WebUI，进入"图生图"界面，在"Stable Diffusion 模型"下拉列表中选择"majicmixRealistic_v7"选项，在"外挂 VAE 模型"下拉列表中选择"Automatic"选项，如下图所示。

（4）在"图生图"界面中的图片上传区域单击，上传准备好的素材图片，如下页上图所示。

（5）单击提示词右侧的"DeepBooru反推"按钮，Stable Diffusion开始分析上传的素材图片特征，并将分析结果以短语的形式自动填写到正向提示词文本框中，根据图片内容调整提示词，具体为"(background blur),(masterpiece:1.1),(best quality:1.1),(ultra-detailed:1.1),1girl,green Jacket,long black wave hair,Purple pupil,office,sitting,light nod,happy,sofa"，最后填入负面提示词"(gray background),(worst quality:2),(low quality:2),(normal quality:2),lowres,watermark, ng_deepnegative_v1_75t,EasyNegative badhandv4,nsfw"，如下图所示。

（6）设置"缩放模式"为"仅调整大小"、"迭代步数（Steps）"为30、"采样方法（Sampler）"为"DPM++ 2M Karras"，设置图片尺寸为600×800、"重绘幅度"为0.7，其他保持默认不变。

（7）单击"生成"按钮，生成的图片场景、人物动作、人物穿着与原图基本相似，但风格已经由二次元变成了真人，如下图所示。如果对生成的图片不满意，可以适当调整参数，再次生成。

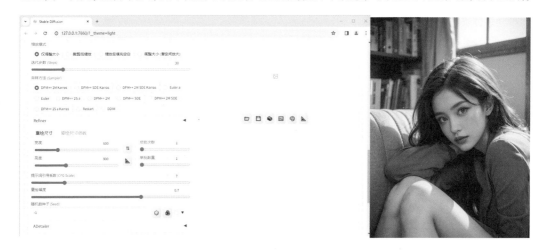

（8）将二次元插画真人化的操作相对简单，而将动漫真人化则由于动作复杂，操作起来步骤也会更多，这里以将动漫人物鸣人真人化为例进行介绍。和前面一样，在下方的"图生图"素材上传界面单击，上传准备好的素材图片即可，如下图所示。

（9）设置"Stable Diffusion 模型"为"majicmixRealistic_v7"、"外挂 VAE 模型"为"Automatic"，单击"DeepBooru 反推"按钮，Stable Diffusion 开始分析上传的素材图片特征，并将分析结果以短语的形式自动填写到正向提示词文本框中，再增加一些图片质量的描述，即"1boy,(masterpiece:1.2),best quality,high resolution,unity 8k wallpaper,(illustration:1),perfect lighting,extremely detailed CG,finely detail,extremely detailed,soft lighting and shadow,soft yet striking lighting,film grain:1.2,(skin pores:1.2),(detailed skin texture:1),((solo:1.5)),Detailed face,(see-through:1.1),Red Cloak,blonde hair,crossed arms,facial mark,forehead protector,looking at viewer,male focus,solo,spiked hair,upper body,uzumaki naruto,whisker markings,yellow eyes,Yellow eyebrows,outdoors,"，最后填入负面提示词"(worst quality:2),(low quality:2),(normal quality:2),lowres,watermark, ((negative_hand-neg)), ng_deepnegative_v1_75t,nsfw"，如下图所示。

（10）在下方的参数设置中，设置"缩放模式"为"仅调整大小"、"迭代步数（Steps）"为60、"采样方法（Sampler）"为"DPM++ 2M Karras"，设置图片尺寸为848×936、"重绘幅度"为0.5，其他保持默认不变，如下图所示。

（11）由于动漫人物动作复杂，直接生图可能会使人物动作变化或出现其他因素，这里需要开启 ControlNet 功能规定生图的具体动作。在"ControlNet Unit 0"界面中单击，上传动漫素材图，在下方的参数设置区域勾选"启用""完美像素模式""允许预览""Upload independent control image"复选框。由于素材图细节比较多，这里选择"Canny（硬边缘）"模式，这个模式可以将图中的所有细节通过线条描绘出来，其他参数保持默认不变。最后单击 ∺ 图标，会在上传素材旁边出现一张预览图，如下左图所示。

（12）单击"生成"按钮，生成的真人图片中的动作、穿着与原图基本一致，如下右图所示。如果对生成的图片不满意，可以适当调整参数，再次生成，还可以将生成的图片发送到"图生图"界面添加背景，让图片更加真实。

（13）将其他动漫人物真人化的操作步骤基本一致，根据具体要求更换提示词及调整 ControlNet 即可，生成的动漫人物佐助、游戏人物 Dva 和秦时明月动漫人物的真人化图片如下页图所示。

AI 艺术字

  AI 作为一种创新性工具，为字体艺术带来了新的可能性。以前需要使用专业的图像软件如 Photoshop 甚至要使用三维建模软件才可以实现的艺术字，现在借助 AI 技术可以轻松实现。

  不仅如此，由于 AI 软件具有超强自由发挥创意的能力，因此还能够制作出使用传统方法无法得到的艺术字。

  这里以冬至艺术字为例，讲解操作步骤。

  （1）打开 Word 软件，设置字体为"方正艺黑简体"、字号为 160，输入文字"冬至"，截图保存到本地，如下页上图所示。

（2）这里是以冬至为例，需要与大自然有关的模型，所以选择"大自然的鬼匠神工"模型（https://www.liblib.art/modelinfo/7baa398a63c0401e9494927523b51302），单击"下载"按钮，将模型下载到本地，如右图所示。

（3）启动 Stable Diffusion WebUI，进入"文生图"界面，设置"Stable Diffusion 模型"为"revAnimated_v122."、"外挂 VAE 模型"为"Automatic"，在正向提示词文本框中填入场景的描述，"Winter,morning,sunrise,ice,branches,flowers,mist,blurry background,natural light"，最后将负面提示词填入，"verybadimagenegative_v1.3,ng_deepnegative_v1_75t,sketches,(worst quality:2),(low quality:2),(normal quality:2),lowres,normal quality,((monochrome)),((grayscale)),bad anatomy,DeepNegative,lowres,bad anatomy,text,error,extra digit,cropped,worstquality,jpegartifacts,signature,watermark,username,blurry,worst quality,low quality,signature,bad proportions,gross proportions,text,error,nsfw"，如下图所示。

（4）添加之前下载好的"大自然的鬼匠神工"模型，选择"LoRA"选项卡，在 LoRA 模型库中单击"大自然的鬼匠神工 _v1.0"模型，如下图所示。

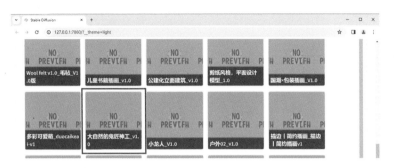

（5）添加 LoRA 模型以后，Stable Diffusion 自动将 LoRA 模型的提示词添加到正向提示词文本框中，默认权重为 1，这里将模型权重修改为 0.8，如下图所示。

（6）设置"迭代步数（Steps）"为 20、"采样方法（Sampler）"为"DPM++ SDE Karras"，开启"高分辨率修复"，设置"放大算法"为"R-ESRGAN 4x+"、"高分迭代步数"为 20、"重绘幅度"为 0.4、"放大倍数"为 2，设置图片尺寸为 512×768，其保持他默认不变，如下图所示。

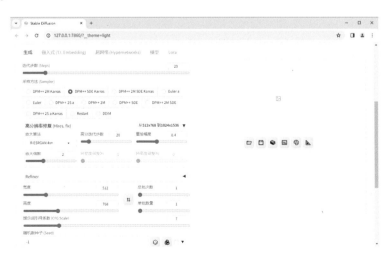

（7）这里要制作艺术字效果，现在如果直接生图，是没有字体形状的，所以这里需要开启ControlNet功能规定生图的形状。在"ControlNet Unit 0"界面中单击，上传冬至素材图，在下方的参数设置区域勾选"启用""完美像素模式""允许预览"复选框，选择"Depth（深度）"控制类型，这个控制类型可以将物体的形状通过颜色深度准确表达，其它参数保持默认不变，最后单击¤图标，会在上传素材旁边出现一张预览图。

（8）最后单击"生成"按钮，便会生成冬至艺术字图片，如下图所示。

（9）如果想生成其他风格的艺术字，基本步骤保持不变，更改LoRA和提示词，根据情况更改ControlNet即可，这里以珠宝姓氏为例。

（10）准备一张"金"字图片素材，基本步骤不变，设置"Stable Diffusion模型"为"majicmixRealistic_v7""外挂VAE模型"为"Automatic"，填入描述珠宝特点的提示词，再增加一些图片质量的描述，即"(gold chinese dragon:0.8),(wings:0.8),gold dragon,jade,white jade,pearl,(ruby eyes),luster,Luxury,masterpiece,high quality,high resolution,chinese pattern,gorgeous,background,Gilded,"，最后填入负面提示词，"(worst quality:2),(low quality:2),(normal quality:2),complex background,human,watermark,text,EasyNegative"，选择"hjyzb-000003"LoRA模型，设置权重为0.8，如下图所示。

（11）要制作珠宝姓氏，需要控制图像的细节和整体填充效果，所以在 ControlNet 中不能再用"Depth（深度）"控制类型，应该选择"Tile/Blur"控制类型，这个控制类型可以确定图像中各个像素点的生成方式及填充位置，其他参数保持默认不变。最后单击 ※ 图标，会在上传素材旁边出现一张预览图，单击"生成"按钮，便会生成用珠宝填充的姓氏金，如下图所示。

（12）如果想生成其他姓氏，只需要更换姓氏的素材图即可。这里又生成了"李"和"钱"两个姓氏，如下图所示。如果不喜欢珠宝风格，可以尝试更换 LoRA 生成其他风格的姓氏。

为电商产品更换背景

在传统的电商产品拍摄流程中，如果要为一款产品拍摄宣传照片，需要搭建匹配产品调性的环境，这一过程费时费力。现在利用 AI 技术则可以很好地解决这一问题，只需拍摄白底商品图，然后利用 AI 生成背景，并将商品与生成的背景相融合即可，下面以化妆品为例讲解操作步骤。

（1）准备一张化妆品图片和它的蒙版图（可以用 Photoshop 创作蒙版图），如下图所示。

（2）进入 Liblib AI 网站，在首页的"模型广场"分类中选择"商品"选项，如下图所示。

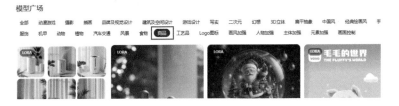

（3）因为是更换产品背景，所以需要找产品场景类的模型，这里选择的是"mmk 产品场景摄影"模型（https://www.liblib.art/modelinfo/1f650dd6daeb4d019ca638b535ce0224），单击"下载"按钮，将模型下载到本地，如下图所示。

（4）根据模型作者的出图推荐，底模选择"mmk_ 共融之境 3_v3.0"（https://www.liblib.art/modelinfo/6187e7efa7d441dda18cb2afcdde0917），进入模型下载页面，将模型下载到本地，如下页上图所示。

（5）启动 Stable Diffusion WebUI，进入"图生图"界面，在"上传重绘蒙版"界面中单击，上传图片，在上方上传商品原图，在下方上传商品的蒙版图，这里是为了重绘商品以外的背景区域，保留商品图，如下图所示。

（6）设置"Stable Diffusion 模型"为"majicmixRealistic_v7"、"外挂 VAE 模型"为"vae-ft-mse-840000-ema-pruned.safetensors"，根据商品的颜色、用途添加提示词，因为是蓝色的化妆品，这里的提示词填写了"水""花"等词语，体现化妆品高级的感觉，即"cinematic photo,close-up,water,blurry background,colorful background,blurry foreground,simple background,flower"，最后填入负面提示词" 3d,cartoon,lowres,bad anatomy,extra digit,fewer digits,cropped,UnrealisticDream,BadDream,worst quality,low quality,normal quality,jpeg artifacts,signature,blurry,illustration,nsfw"，如下图所示。

（7）添加之前下载好的"插画｜简约插画"模型，选择"LoRA"选项卡，在 LoRA 模型库中单击"描边｜简约插画 _ 描边｜简约插画 v1"模型，如下图所示。

（8）添加 LoRA 模型以后，Stable Diffusion 自动将 LoRA 模型的提示词添加到正向提示词文本框中，默认权重为 1，这里将模型权重修改为 0.7，如下图所示。

（9）设置"缩放模式"为"仅调整大小"，"蒙版边缘模糊度"为10，"蒙版模式"为"重绘蒙版内容"、"蒙版区域内容处理"为"原版""重绘区域"为"整张图片"，其他保持默认不变，如下图所示。

（10）设置"迭代步数（Steps）"为30，"采样方法（Sampler）"为"DPM++SDE Karras"，设置图片尺寸为512×768、"重绘幅度"为0.7，其他保持默认不变。

（11）单击"生成"按钮，生成的图片中商品保持不变，但商品的背景已经有了水和花，商品的高级感一下就出来了，如下图所示。

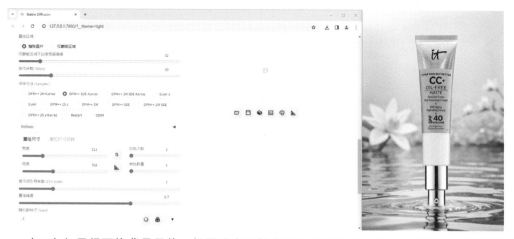

（12）如果想更换背景风格，想用现在比较流行的国潮风格，基本步骤不变，将模型更改为国潮风格的模型，在提示词中添加图案、线条、颜色等类型的修饰词，即"guochao,the colors are very vivid,woodcut prints,arts and crafts,branches,natural inspiration,complex floral patterns,details,organic patterns,vines,leaves,(birds:1.1),medieval,hand draw,wallpaper,decorations,symmetrical Renaissance,detailed textures,flat,complex details,roses,lilies,flowers blooming profusely,overspread,blue background,water,lispict,colorized,<lora: 国潮 × 包装插画 _V1.0:0.8>"，填入负面提示词"verybadimagenegative_v1.3,ng_deepnegative_v1_75t,sketches,(worst quality:2),(low quality:2),(normal quality:2),lowres,normal quality,((monochrome)),((grayscale)),bad anatomy,DeepNegative,lowres,bad anatomy,text,error,extra digit,cropped,worstquality,jpegartifacts,signature,watermark,username,blurry,worst quality,low quality,signature,bad proportions,gross proportions,text,error,nsfw"，这里以"国潮 × 包装插画" 模型（https://www.liblib.art/modelinfo/42182b07437043149482d6c152f7fc06）为例，底模为"动漫 ReVAnimated_v1.1.safetensors"（https://www.liblib.art/modelinfo/19dc35d37d10bdcf9e952eba82f03de6），"外挂 VAE 模型"为"vae-ft-mse-840000-ema-pruned.safetensors"，如下图所示。

（13）其他参数按照模型作者的推荐填写，商品图及蒙版保持不变，最后单击"生成"按钮，生成的图片中商品保持不变，商品的背景已经变成了国潮风格，这样不同商品的风格就做出来了。如果还想生成其他风格类型的商品图，根据需求更换 LoRA 模型及提示词，就能得到更多神奇的效果，如下图所示。

批量生成 IP 形象

基于 AI 技术可以创作出具有独特形象和风格的 IP 角色或形象，这些 IP 可以应用于各种领域，如动漫、游戏和文学等。相比传统的手绘 IP，AI 绘画 IP 具有更高的创作效率和多样性，可以满足不同受众的需求。这里以 3D 卡通龙为例，操作步骤如下。

（1）进入 Liblib AI 网站，在首页的"模型广场"分类中选择"IP 形象"选项，如下图所示。

（2）这里想要生成一个3D的IP形象，所以大模型选择"IP DESIGN｜3D可爱化模型"（https://www.liblib.art/modelinfo/2beae39bf23edd20675436f88cbf0942），单击"下载"按钮，将模型下载到本地，如下图所示。

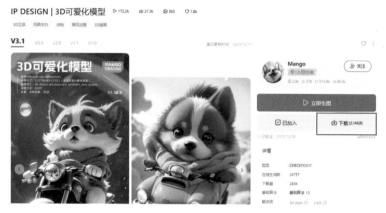

（3）启动 Stable Diffusion WebUI，进入"图生图"界面，设置"Stable Diffusion 模型"为"IP DESIGN _ 3D 可爱化模型 _V3.1"、"外挂 VAE 模型"为"Automatic"，在正向提示词文本框中，将卡通龙的外观、表情、状态等细节描述填入，提示词越精确，生成的图片效果越好"bobble,(golden_scale:1.2),Illustration cartoon cute art style,cute pet,flowers,solo,open mouth,eastern dragon,dragon,black hair,chinese clothes,smile,monster,chinese new year,teeth,looking at viewer,transparent,Plastic material,chibi" 最后填入负面提示词 "worst quality,(low quality:2),(low-res:2),watermark"，如下图所示。

（4）设置"迭代步数（Steps）"为30、"采样方法（Sampler）"为"Euler a"，开启"高分辨率修复"，设置"放大算法"为"R-ESRGAN 4x+"、"高分迭代步数"为 15、"重绘幅度"为 0.5，设置图片尺寸为 768×1152，其他保持默认不变，如下页上图所示。

（5）这里只用大模型显得太单调，可以通过叠加 LoRA 模型让卡通龙更加生动形象，添加 LoRA 模型"小龙人 _V1.0"（https://www.liblib.art/modelinfo/780054239b384a94b49d184027b84d88）、"kim_2024 春节限定【龙】_V1.0"（https://www.liblib.art/modelinfo/76306d8632774ad5904ccd16a13fee7d）和"多彩可爱萌 _duocaikeai-v1"（https://www.liblib.art/modelinfo/25791607ff584a9ca78f621da67371f3）。

（6）单击"生成"按钮，生成一只 3D 卡通龙，可以为后期创作提供更好的参考，如下图所示。

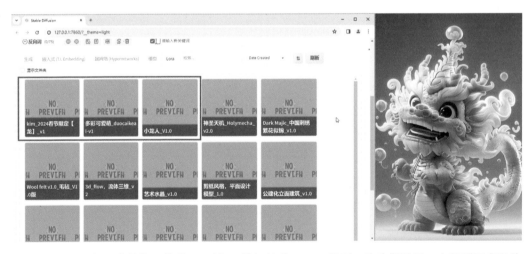

（7）如果想生成其他风格的 IP 形象，叠加其他 LoRA 模型，修改提示词，会得到更多风格的 IP 形象，这里又生成了一只 3D 卡通猫、一个背着书包的小男孩和一位 3D 宇航员男孩，如下页上图所示。

利用 AI 设计数码产品

得益于 AI 技术的无限可扩展性，只要选择正确的底模与 LoRA 模型，就可以依据提示词批量设计各类数码产品，这样就能够在短时间内为设计人员提供大量可供参考的设计灵感，甚至有些方案可以直接提交给客户进行讨论。这里以设计一款蓝牙音箱为例，讲解具体操作步骤。

（1）进入 Liblib AI 网站，在首页的"模型广场"搜索框中输入"真实感"，这里要生成的产品是真实的，能为设计师提供想法，所以搜索一个真实感模型，如下图所示。

（2）因为要生成真实感产品，所以选择"真实感必备模型｜Deliberate"模型（https://www.liblib.art/modelinfo/43b2aff6d0d0b6d24626c0bf6791e524），单击"下载"按钮，将模型下载到本地，如下图所示。

（3）启动 Stable Diffusion WebUI，进入"文生图"界面，设置"Stable Diffusion 模型"为"deliberate_v3"、"外挂 VAE 模型"为"Automatic"，在正向提示词文本框中，首先填入要生成的产品英文，再填入产品的形状、颜色、材质等细节描述，即"3D product render,bluetooth speaker,Conical shape,finely detailed,4K,Metallic feeling,LCD,conical,sense of technology,button,solo,"，最后填入负面提示词，"EasyNegative,(worst quality:2),(low quality:2),(normal quality:2),lowres,(lmonochrome)),((grayscale)),cropped,text,jpeg"，如下图所示。

（4）设置"迭代步数（Steps）"为20、"采样方法（Sampler）"为"DPM++ 2M Karras"，开启"高分辨率修复"，设置"放大算法"为"R-ESRGAN 4x+"、"高分迭代步数"为20、"重绘幅度"为0.5，"放大倍数"为2，设置图片尺寸为512×512、"单批数量"为4，其他保持默认不变。

（5）单击"生成"按钮，生成4张蓝牙音箱的图片，这4张图片基本上包含所有提示词提到的特征，但是每张各有特点，可以为设计师创作提供更开阔的思路，如下图所示。

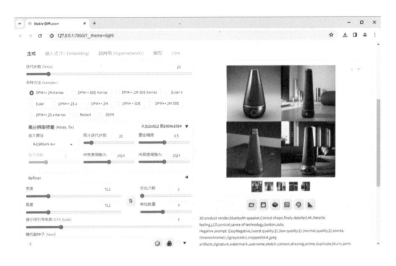

（6）因为底模是真实感的模型，所以想要生成科技感或其他风格的产品图片，只加提示词可能达不到想要的效果，这时我们可以通过添加 LoRA 模型为产品变换风格，这里想生成机甲风格的产品，添加 LoRA 模型"Gundam_Mecha 高达机甲"（https://www.liblib.art/modelinfo/bb2522 3e3d6545e1be14c2b3a3967572）和"科幻道具"（https://www.liblib.art/modelinfo/63fb4c57e0a34c97a 0e241958270b133），将权重设置为 0.8。

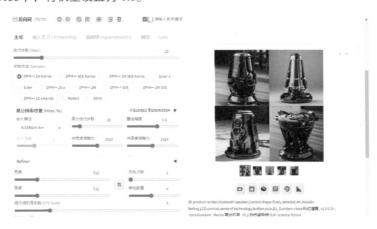

（7）简单调整参数，在提示词文本框中添加模型触发词"BJ_Gundam"，最后单击"生成"按钮，生成机甲风格的产品图片，造型非常酷炫，如下页上图所示。如果还想生成其他风格的产品图片，基本步骤不变，只需找到合适的 LoRA 模型替换，简单修改提示词即可。

名画写实重现

名画写实重现不仅在于视觉上的还原，更在于对名画艺术价值的传承和发扬。通过真实感的名画，可以让更多的人了解和欣赏到这些经典的艺术作品，从而增强公众对艺术的认识和理解。同时，AI绘画还可以为艺术教育和研究提供更加准确和便捷的参考和辅助工具，推动艺术领域的发展和进步。这里以千里江山图的一部分写实重现为例讲解操作步骤。

（1）准备一张千里江山图的图片，在首页的"模型广场"分类中选择"风景"选项，如下图所示。

（2）因为千里江山图画的是山河风景，所以选择一个写实的风景模型，这里选择的是"户外02"模型（https://www.liblib.art/modelinfo/94383f6d27354bb99d19dc8ec3fe33cb），单击"下载"按钮，将模型下载到本地，如下图所示。

（3）根据模型作者的出图推荐，选择"AWPortrait"（https://www.liblib.art/modelinfo/721fa2d298b262d7c08f0337ebfe58f8）作为底模，同样进入模型下载页面，将模型下载到本地，如下图所示。

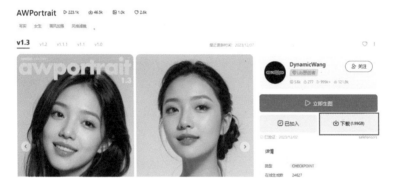

（4）启动 Stable Diffusion WebUI，进入"文生图"界面，设置"Stable Diffusion 模型"为"AWPortrait_v1.3"、"外挂 VAE 模型"为"Automatic"，在提示词文本框中，除了固定的正向提示词，再增加一些对风景的描述，如"Outdoor, Landscape, horizon, mountains, streams, house,sky,cloud, RAW photos, High resolution, ultra fine section, high detail RAW color photos, professional photos, masterpieces, best quality, realistic"，最后填入负面提示词，"(Worst quality: 2),(low quality: 2),(low quality: 2),(normal quality: 2), dot, mole, low resolution, normal quality, monochrome, grayscale, low resolution,nsfw"，如下图所示。

（5）添加之前下载好的"户外02"模型，选择"LoRA"选项卡，在LoRA模型库中单击"户外02_v1"模型，如下图所示。

（6）添加LoRA模型以后，Stable Diffusion自动将LoRA模型提示词添加到正向提示词文本框中，默认权重为1，这里将模型权重修改为0.8，如下图所示。

（7）设置"迭代步数（Steps）"为25、"采样方法（Sampler）"为"DPM++ SDE"，开启"高分辨率修复"，设置"放大算法"为"R-ESRGAN 4x+"、"高分迭代步数"为20、"重绘幅度"为0.3、"放大倍数"为2，设置图片尺寸为608×768，其他保持默认不变，如下图所示。

（8）要将千里江山图写实重现，如果直接生图，图中的风景位置是不固定的，所以这里需要开启ControlNet功能规定生图的形状。在"ControlNet Unit 0"界面中单击，上传千里江山图，在下方的参数设置区域勾选"启用""完美像素模式""允许预览"复选框，选择"Canny（硬边缘）"控制类型，这个控制类型可以将图像中物体的边缘描绘出来，其他参数保持默认不变。最后单击¤图标，会在上传素材旁边出现一张预览图，单击"生成"按钮，便会生成一张写实的千里江山风景图，山脉建筑的位置基本一致，如下图所示。

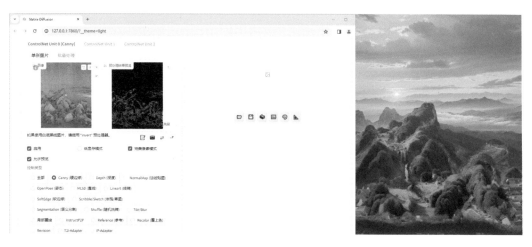

（9）如果还想生成其他部分的千里江山图，步骤不变，只需更换ControlNet中的素材图即可。当然，不局限于千里江山图，各种名画都可以尝试，这里将一些画作和清明上河图的一小部分重现了出来，如下图所示。

生成艺术化二维码

可以说当今社会已经成为一个"码"上社会，吃饭、购物、交际均需要扫各种各样的二维码，与普通的黑白色块二维码相比，艺术化二维码有以下优点。

» 提升美感：通过添加艺术元素，使二维码更加美观、有趣，增加了观赏性。

» 增加辨识度：艺术二维码具有独特的设计风格和形式，更易于被识别和记忆。

» 增强品牌形象：通过将品牌的形象、特色和价值观融入艺术二维码中，不仅可以传递品牌信息，还可以提升品牌形象和认知度。

要生成艺术化二维码，可以参考以下操作步骤。

（1）在 SD WebUI 中安装 QR Toolkit 插件，在"扩展"界面的"从网址安装"选项卡中输入网址 https://github.com/antfu/sd-webui-qrcode-toolkit，单击"安装"按钮，安装完成后重启 WebUI，如下图所示。

（2）安装完成后，进入 QR Toolkit 界面，开始生成二维码。

（3）这里只需改两个选项。首先填写链接，将你想制作成二维码的链接填入文本框，链接不要太长。太长的话建议使用百度短网址转换为短链接。设置"Error Correction"选项（Error Correctionet 用于定义二维码容错率，可以让二维码在部分区域损毁的情况下，也可以被识别。数值越高，抗损毁能力越强，但也有更多的信息冗余）。为了保证二维码变成图像后依旧可以被识别，这里建议选择 Q 或 H 中的一个。单击右下角的"Download"按钮保存二维码，如下图所示。

（4）将保存的二维码上传到 Controlnet Unit 0 中，选择"control_v1p_sd15_qrcode_monster"模型，将"控制权重"设置为 1.2，将"引导介入时机"设置为 0.1，将"引导终止时机"设置为0.9，让 AI 有一些自我发挥的空间。

（5）再将二维码上传到 Controlnet Unit 1 中，选择"control_v1p_sd15_brightness"模型，设置"控制权重"为 1.2、"引导介入时机"为 0.1、"引导终止时机"为 0.9，目的是让二维码的轮廓更好看，这些参数可以根据实际情况调整，如下图所示。

（6）选择一个想要生成二维码风格类型的模型，这里选择的是插画类型的模型"AWPainting_v1.2.safetensors"，在提示词文本框中对二维码融合的图片进行简单描述，这里输入的提示词为"masterpiece,top quality,best quality,1 girl,full body,flowers,building"，参数设置根据实际情况调整即可，如下图所示。

（7）单击"生成"按钮，一张带人物插画的二维码图片就生成了，如下左图所示。生成结束后用手机扫码试一下，如果无法扫码，再调整 Controlnet 中的控制权重。如果想生成其他风格的二维码，基本步骤不变，更换大模型，修改提示词即可，如下右图所示为笔者生成的一个绘本风格的二维码。